建筑碳排放设计指南

中国建筑科学研究院有限公司
北京构力科技有限公司　组织编写

夏绪勇　李书阳　张永炜
崔　静　朱峰磊　王梦林　主　编

中国建筑工业出版社

图书在版编目（CIP）数据

建筑碳排放设计指南 / 中国建筑科学研究院有限公司，北京构力科技有限公司组织编写；夏绪勇等主编 . — 北京：中国建筑工业出版社，2023.3（2024.9重印）

ISBN 978-7-112-28409-2

Ⅰ.①建… Ⅱ.①中…②北…③夏… Ⅲ.①建筑设计 — 节能设计 — 指南 Ⅳ.① TU201.5-62

中国版本图书馆 CIP 数据核字（2023）第 032589 号

《城乡建设领域碳达峰实施方案》提出，2030 年前，城乡建设领域碳排放达到峰值。城乡建设绿色低碳发展政策体系和体制机制基本建立；绿色生活方式普遍形成，绿色低碳运行初步实现。力争到 2060 年前，城乡建设方式全面实现绿色低碳转型、系统性变革全面实现，美好人居环境全面建成，城乡建设领域碳排放治理现代化全面实现，人民生活更加幸福。

本书主要介绍了建筑碳排放宏观背景、建筑碳排放的定义、碳达峰与碳中和的定义与标准体系、各省市碳排放要求以及碳排放计算案例、碳排放因子库等内容，全面解读国家战略及设计要点。

本书可供工程建设相关技术人员参考使用。

责任编辑：徐仲莉　王砾瑶
责任校对：赵　菲

建筑碳排放设计指南

中国建筑科学研究院有限公司　　组织编写
北京构力科技有限公司

夏绪勇　李书阳　张永炜
崔　静　朱峰磊　王梦林　　主　编

*
中国建筑工业出版社出版、发行（北京海淀三里河路9号）
各地新华书店、建筑书店经销
北京点击世代文化传媒有限公司制版
建工社（河北）印刷有限公司印刷
*
开本：787毫米×1092毫米　1/16　印张：13½　字数：286千字
2023年4月第一版　2024年9月第三次印刷
定价：55.00 元
ISBN 978-7-112-28409-2
　　（40892）

本书编委会

组织编写单位：中国建筑科学研究院有限公司

北京构力科技有限公司

合 作 单 位：中国城市科学研究会

湖南大学

四川大学

上海理工大学

同济大学建筑设计研究院（集团）有限公司

广东省建筑科学研究院集团股份有限公司

深圳市建筑科学研究院股份有限公司

湖南省建筑设计院集团股份有限公司

湖南大学设计研究院有限公司

福建省建筑科学研究院有限责任公司

湖北省建筑科学研究设计院股份有限公司

江西省建筑技术促进中心

海南元正建筑设计咨询有限责任公司

湖南城市学院设计研究院有限公司

湖北省建筑节能协会

湖南省绿色建筑与钢结构行业协会

中国电子节能技术协会全生命周期绿色管理专委会

前　言

建筑行业是我国的"碳排放大户"。根据中国建筑节能协会 2021 年发布的《2021 中国建筑能耗与碳排放研究报告》显示，2019 年全国建筑全过程碳排放总量为 49.97 亿 t 二氧化碳，占全国碳排放的比重为 50.6%。

自"双碳"目标提出后，一年多以来，我国"双碳"政策体系建设呈现多角度、全方位推进局面，为深化推进各行业、各领域"双碳"实践积累政策基础。在建筑行业，2022 年 3 月，住房和城乡建设部发布了《"十四五"住房和城乡建设科技发展规划》和《"十四五"建筑节能与绿色建筑发展规划》，尤其是《"十四五"建筑节能与绿色建筑发展规划》，明确了"落实碳达峰、碳中和目标任务"等基本原则，提出了"绿色低碳生产方式初步形成"等目标，以及"推广绿色建造方式"等任务。

2022 年 6 月，住房和城乡建设部、国家发展和改革委员会联合发布了《城乡建设领域碳达峰实施方案》（以下简称《实施方案》），从建设绿色低碳城市、打造绿色低碳县城和乡村、强化保障措施、加强组织实施 4 个方面提出了 19 项城乡建设领域碳达峰工作的具体措施。

《实施方案》提出，2030 年前，城乡建设领域碳排放达到峰值。城乡建设绿色低碳发展政策体系和体制机制基本建立；绿色生活方式普遍形成，绿色低碳运行初步实现。力争到 2060 年前，城乡建设方式全面实现绿色低碳转型，系统性变革全面实现，美好人居环境全面建成，城乡建设领域碳排放治理现代化全面实现，人民生活更加幸福。

实现"双碳"目标，于建筑业而言，大有所为。

本书主要介绍了建筑碳排放宏观背景、建筑碳排放的定义、碳达峰与碳中和的定义与标准体系、各省市碳排放要求以及碳排放计算案例、碳排放因子库等内容，全面解读国家战略及设计要点。

本书由中国建筑科学研究院有限公司、北京构力科技有限公司、中国城市科学研究会、湖南大学、四川大学、上海理工大学、同济大学建筑设计研究院（集团）有限公司、深圳市建筑科学研究院股份有限公司、福建省建筑科学研究院有限责任公司、江西省建筑技术促进中心、湖南省建筑设计院集团股份有限公司、湖南大学设计研究院有限公司、湖南省绿色建筑与钢结构行业协会、中国电子节能技术协会全生命周期绿色管理专委会等专家撰写，由于笔者水平有限，书中内容遗漏在所难免，在此热忱欢迎专家同仁批评指正。

编者

2023 年 2 月

目　录

第 1 章

认识建筑碳排放

1.1 宏观背景

1.1.1 环境问题来源

环境问题是当今社会的热点问题，已经受到世界各地的普遍重视。但其中气候变化的问题最为严重，已成为人们面对的巨大、重要的问题之一。专家们预计，随着温室效应的持续增加，到 21 世纪末全球将变暖 1.1 ~ 6.4℃。但人们的界限是必须将全球变暖温度限制在 2℃，如果达到 2℃，全球变暖将会无法控制，全世界将陷入毁灭性的天气紊乱状态边缘，到那时就算人们想采取补救措施也无济于事了。

近十几年我国工业经济高速发展，民众日常生活技术水平也迅速提升，但环境问题却愈发严重。温室效应并非近年来产生的新型问题，近年来由于碳排放量的增多导致其更加严峻，并已逐渐达到危及人们日常生活质量的严重程度。目前，超临界的二氧化碳含量检测值为地球上近三百年的最大含量，高温引起了南极洲和格陵兰岛的冰层消融，使北极海结冰面积达到历史极限低值，气候变迁还导致非洲和东南亚大范围的风暴和洪水（如影响中国南方 16 个省区的洪涝灾害）。人们应该认识到温室效应的发展规律，并尽最大的努力去降低它的危害。

在全世界气候变化的大背景下，随着人口的迅速扩张、经济的迅猛发展，造成温室气体排放迅速增加，其危害之大也逐渐被公众所认知。温室气体的排放和增加，引发严峻的环境问题，根据气候模拟试验可以看出，温室效应会导致海洋酸化、森林面积减少、荒漠面积增大、地球生命活动受到威胁。温室气体在逐年增加，预示着全球碳循环的变化。

世界资源研究所统计表明，在 2014 年人类活动造成的温室气体排放中，二氧化碳（CO_2）已经占总气体排放量的 77% 以上。2016 年，我国的碳排放量已是全球第一，全球占比 28%，接近美国碳排放的 2 倍。表 1-1 展示了 2020 年度全球前五碳排放的国家，分别是中国、美国、印度、俄罗斯和日本。2020 年全球二氧化碳总计排放量为 322.84 亿 t，年均增长率下降 6.3%。人口排名前三的中国、印度、美国，其二氧化碳排放量也居于前三，人口排名第三的美国，二氧化碳排放量为 4457.2 百万 t，高于印度二氧化碳排放量。

全球前五碳排放的国家及其对应的碳排放　　　　　表 1-1

国家	2020 年二氧化碳排放量（百万 t）	2020 年碳排放增长率	人均碳排放（t/a）
中国	9899.3	0.60%	6.9
美国	4457.2	−11.60%	13.5
印度	2302.3	−7.10%	1.7
俄罗斯	1482.2	4.60%	10.2
日本	1027	3.20%	8.1

1.1.2　温室效应危害

温室效应指透射阳光的密闭空间由于与外界缺乏热对流而形成的保温效应，就是太阳短波辐射可以透过大气射入地面，而地面增暖后放出的长波辐射却被大气中的二氧化碳等物质所吸收，从而产生大气变暖的效应。大气中的二氧化碳等物质就像一层厚厚的玻璃，使地球变成一个大暖房。

图 1-1　温室效应危害图

美国专家曾提出警告，温室效应的升温将使南北极的冰冻层逐渐消融，而冰冻沉积物和被冰冻的史前致命病毒也将会重见天日（图 1-1）。如果缺乏适当的防疫方法和防疫技术，温室效应将造成疫病恐慌，人们的生活面临严重威胁。同时，气候变暖将导致南北极和永冻层冰帽及高山冰河的逐渐消融，这无疑将导致海平面上升的速度越来越快。观察结果表明，过去一百多年来海平面增加了 14 ~ 15cm，但研究预测到 2040 年海平面上涨幅度将达到 20cm，海平面上涨的局面将更加严重。而海平面上涨也会直接造成低地被淹、海岸侵蚀严重、道路排水不畅、农田盐渍化以及海洋倒灌等问题。假如任由温室效应恣意妄为，则世界上大约百分之九十的沿海区将会面临灭亡性的灾难，预计到 2050 年，南北极和永冻层冰盖及高山冰河都将大幅度消融，而举世闻名的沿海都市如上海、东京、纽约和悉尼也将被完全淹没。据估计，如果温度每增加约1℃，北半球的温度带将向北移约100km；如果温度每增加约3.5 ℃，则将会向北移约5个纬度。天气带北移将导致占据土地表面约3%的苔原带天气不复出现，冰岛的天气很可能会和苏格兰一样。同时，中国徐州、郑州冬季的天气也将和现在的湖北省或杭州市相当。天气带的北移使中国贵州地区冬季天气更加强烈，雨雪霜冻范围变小，雨天和干旱更加分明。气候变暖很可能导致部分地方虫害和病毒传染区域增加，害虫种群密度上升。温度的上升会使生物物种迁移或者消亡，会使整个生态系统受到严重破坏，会使虫患或者病毒扩散。如果某个地方引来外来生物的侵袭，就会引起整个生物链的中断，某个生物很可能没了天敌或者没了食物，所造成的结果只会是整个自然生态系统的紊乱。与此同时，温度增加可以导致虫害的生活区域增加，繁殖速度增加，存活次数增加，损失费用增长，最终增加农业灾害。

1.1.3　各国应对政策

1.1.3.1　国际政策

《巴黎协定》（The Paris Agreement），是由全世界178个缔约方共同签署的气候变化协定，是对2020年后全球应对气候变化的行动做出的统一安排。《巴黎协定》是继1992年《联合国气候变化框架公约》（UNFCCC）、1997年《京都议定书》之后，人类历史上应对气候变化的第三个里程碑式的国际法律文本，形成2020年后的全球气候治理格局。《巴黎协定》于2015年12月12日在第21届联合国气候变化大会（巴黎气候大会）上通过，于2016年4月22日在美国纽约联合国大厦签署，于2016年11月4日起正式实施（图1-2）。同年9月3日，全国人大常委会批准中国加入《巴黎气候变化协定》，成为完成批准协定的缔约方之一。2018年4月30日，《联合国气候变化框架公约》框架下的新一轮气候谈判在德国波恩开幕。缔约方代表就进一步制定实施气候变化《巴黎协定》的相关准则展开谈判。2021年11月13日，联合国气候变化大会（COP26）在英国格拉斯哥闭幕。经过两周的

图1-2　《巴黎协定》会议图

谈判，各缔约方最终完成了《巴黎协定》实施细则。《巴黎协定》确立的长期目标是将全球平均气温较前工业化时期上升幅度控制在 2℃以内，并努力将温度上升幅度限制在 1.5℃以内。

1.1.3.2 中国政策

2007 年开始，为主动承担大国责任和使命，中国组建了由国务院副总理任组长的全国应对气候变化和节能减排领导小组，专门承担协调、出台与气候转变有关的政策措施规定和举措；由国家发展和改革委员会组建的应对气候变化司，具体承担国内外气候变化有关活动的统筹协调和监督管理工作；而我国各地人民政府则由各省发展和改革委员会组建了应对气候变化处，具体承担所辖省内气候变化有关活动的监督管理。国家、省级发展和改革委员会及地方政府通力合作，为全国各区域内与气候转变相关的节能减排工作的开展提供了保障。"十二五"期间，我国及地区相继出台了政策和法规，用以引导和规范我国各地的节能减排管理工作，取得了相当突出的效果。

2016 年 11 月，《国务院关于印发"十三五"控制温室气体排放工作方案的通知》（国发〔2016〕61 号），明确提出到 2020 年，单位国内生产总值二氧化碳排放比 2015 年下降 18%，力争重化工业 2020 年左右实现率先达峰；进一步强化能耗与碳排放目标管理，实现燃料消费规模与质量的双重控制；国有企业、上市公司、已纳入碳排放权交易范围的公司应率先公布温室气体排放量数据和控排行动方案。2017 年 12 月 19 日，国家发展和改革委员会召开了电视电话会议，宣布全国碳交易市场正式启用，并于 12 月正式印发了《全国碳排放权交易市场建设方案（发电行业）》，这标志着我国利用市场机制管理市场和降低碳排放量步入一个全新的时期。我国碳交易市场在通过基础建立、模拟运营后，2020 年年底开始推出配额现货交易，并在发电产业平稳运转的前提下，逐渐拓展市场范围。

在 2021 年 3 月十三届全国人大常委会四次会议通过的"十四五"规划中，明确提出了 2030 年碳达峰行动方案，以降低碳强度为主、控制碳排放总量为辅的方针，积极应对气候变化，推动发展方式绿色转型。2021 年 10 月，《国务院关于印发 2030 年前碳达峰行动方案的通知》（国发〔2021〕23 号）（以下简称《方案》）。《方案》围绕贯彻落实党中央、国务院关于碳达峰、碳中和的重大战略决策，按照《中共中央 国务院关于整体准确全面贯彻新发展理念做好碳达峰碳中和工作的意见》工作要求，聚焦 2030 年前碳达峰目标，对推进碳达峰工作作出总体部署。

1.1.3.3 碳排放来源

截至目前，对于碳排放的来源，全世界有多种不同的方法来评价，如国际化标准组织（ISO）、世界资源研究所（WRI）和世界可持续发展工商理事会（WBCSD）的《温室气体议定书》、英国的商品和服务生命周期温室气体排放评估规范（PAS 2050）等。但纵观在全世界进行的碳足迹评价工作，碳排放来源评价所依据的准则基本上是由 ISO 提出的 ISO 14060 体系，由 WRI 和 WBCSD 合作制定的《温室气体议定书》体系，此外还有由英国标准联合会提出的 PAS 2050 体系及其导则等（图 1-3）。

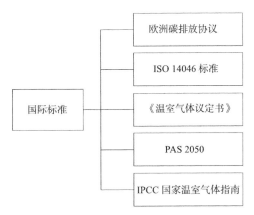

图 1-3　碳排放标准来源

1. 欧洲碳排放协议

欧洲碳排放协议将温室气体排放源分为三个领域：直接排放（燃料燃烧）；间接排放（在电力及蒸汽的使用中释放）；其他间接排放。

2.ISO 14046 标准

ISO 14046 标准作为碳排放认证国际标准，其规定了国际上的温室气体资料和数据管理、汇报和验证模式。按照 ISO 14046 标准划分，碳排放源主要由以下三个部分组成：①直接温室气体排放（Direct Greenhouse Gas Emission）：自组织所拥有或控制的温室气体源排放之温室气体；②能源间接温室气体排放（Energy Indirect Greenhouse Gas Emission）：组织所消耗的输入电力、热及蒸汽所产生之温室气体排放；③其他间接温室气体排放（Other Indirect Greenhouse Gas Emission）：由组织活动产生之温室气体排放，非属能源间接温室气体排放，而是来自其他组织所拥有或控制的温室气体源。

3.《温室气体议定书》

《温室气体议定书》（GHG 议定书）是当地政府与公司了解、衡量和控制温室气体排放广泛使用的核算工具。1998 年由 WRI 和 WBCSD 联合推出，旨在会同公司、非政府组织、部门、专业组织等，共用一套为全球认可的温室气体成本核算与报告准则。2006 年，ISO 又以该准则为基础颁布了 ISO 14064-1。按照 GHG 议定书的界定标准，碳排放源大致有以下领域：

（1）直接温室气体排放：①生产电力、热力或者蒸汽；②物理和化学工艺；③运输原料、产品、废物和雇员；④无组织排放。

（2）电力直接温室气体排放。

（3）其他间接温室气体排放：①开采和生产采购的原料和燃料；②相关的运输

活动；③运输采购的原料或商品；④雇员公务旅行；⑤雇员上下班交通；⑥运输出售产品；⑦运输废物；⑧废物处置；⑨范围②之外与电力有关的活动；⑩开采、生产和运输用于生产电力燃料。

4. PAS 2050

2008 年 11 月，英国标准协会颁布了《商品和服务在生命周期内的温室气体排放评价规范》PAS 2050：2008 及其导则，这是全世界关于货物和金融服务的首个碳足迹技术规范文件，用以计量货物和金融服务在一个企业内（从成品获得到制造、分配、应用和报废后的处理过程）的温室气体排放量。按照 PAS 2050 概括出的温室气体资源，测量结果应涵盖产品生命周期内所有流程、入口和出口所发生的温室气体的总量，涵盖但不限于：①能源利用（包括能源，如电力，这些能源本身是利用与温室气体相关的排放过程而生产的）；②燃烧过程；③化学反应；④制冷剂的损失和其他逃逸气体；⑤运行；⑥服务提供和交付；⑦土地利用变化；⑧牲畜和其他农业过程；⑨废物。

5. IPCC 国家温室气体指南

1988 年，联合国环境规划署及世界气象组织共同成立了政府气候变化专业委员会（IPCC），其主要目的是为政府决策者提供气候变化的科学基础，以使决策者认识到人类对气候系统造成的危害并制定解决方案。因此，IPCC 定期地对气候变化从以下三个方面进行科学评估：评价现有的气象变化资料，评价气候变化产生的环境及社会经济影响，制定相应的措施等。温室气体碳排放源如图 1-4 所示。

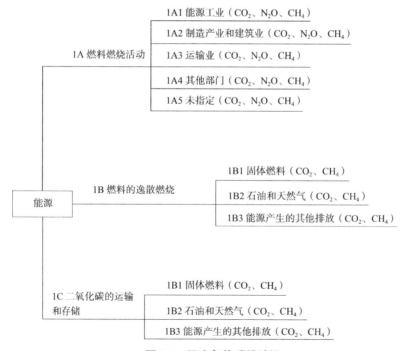

图 1-4　温室气体碳排放源

1.2 建筑碳排放定义与界定

面对全球碳排放问题，我国承诺 2030 年碳排放总量实现达峰。为实现目标，国家需要从多行业出发进行长远规划，出台节能减排政策。到 2060 年前，全面建立绿色低碳循环发展的经济体系和清洁低碳安全高效的能源体系，能源利用率达到国际先进水平，我国非化石能源消费比重达到 80% 以上，碳中和指标顺利实现，生态文明建设成果显著，创造人与自然和谐共生的新境界。

1.2.1 碳排放相关定义

1.2.1.1 碳排放定义

碳排放量是指在制造、运送、利用及处理商品的整个流程中所形成的温室气体排放量的总值。而动态碳排放量，则是指每单位产品释放的温室废气累积总量。人类的一切社会活动都有机会导致碳排放，都市运作、人类生活、运输工具也都会释放巨量的二氧化碳。购买一套衣服，饮用一桶矿泉水，甚至叫个外卖都可以在制造和使用过程中形成碳污染。所有的燃烧过程（人为的、自发的）都可以形成二氧化碳（图 1-5），碳排放是关于温室气体排放的一个总称或简称。二氧化碳（CO_2）作为温室气体中的主要组成部分，人们通常简单地将碳排放理解为"二氧化碳排放"。其实，碳排放与人们的日常衣食住行息息相关。

图 1-5 碳排放的形成

1.2.1.2 碳排放计量单位

根据碳排放核算标准，建筑物碳排放计算应以二氧化碳当量（CO_2e）表示。二氧化碳当量是指一种用作比较不同温室气体排放的度量单位。为统一度量整体温室效应的结果，需要一个可以比较各种温室气体排放水平的度量单位，由于二氧化碳对于全球变暖的贡献最大，因此，规定二氧化碳当量为度量温室效应的基本单位，旨在统一的标准下比较不同温室气体的增温效应。例如在研究某建筑温室气体排放时，就可以把该建筑排放的二氧化碳、甲烷和氧化亚氮统一折算成二氧化碳当量，最终得到该建筑整体的温室气体排放情况。

1.2.1.3 碳排放因子及其作用

碳排放因子，是指在每一次能源燃烧或使过程中单位能源所形成的碳排放总量。按照 IPCC 的假设，可以认为某种能源的碳排放因子是恒定不变的。碳排放因子一般是指二氧化碳的总排放量系数，而大气甲烷、氧化亚氮、氟化物、六氟化硫等其他温室废气，则通常折合为二氧化碳后再参与核算，也就是常说的二氧化碳当量。在碳排放核算过程中，将运用碳排放因子计算各个阶段的排放量。通过碳排放因子进行碳核算可以直接量化碳排放的数据，对碳交易市场的运行至关重要。

碳排放因子的确定有利于碳排放量的估算。由于碳排放量无法直接计算，故而一般采取间接方法，例如估计发电厂的碳排放量，统计发电厂用了多少量的煤气燃烧或发电，而不是直接捕获和统计二氧化碳气体的数量。此时将各类能源消耗的实物统计量转变为标准统计量，再乘以各自的碳排放因子，加起来后就可以得到碳排放总量。碳排放总量一经确认，我们就能够了解中国各部门的碳排放量，从而发放配额，这是确保中国碳贸易项目顺利进行的重要基石，对于节能减排，达到中国"碳达峰""碳中和""双碳"总体目标，有着重要意义。最终能源消费种类包括：煤炭、汽油、柴油、天然气、煤油、燃料油、原油、电力和焦炭 9 大类。核算碳排放量时需要换算为标准计算重量，根据《中国能源统计年鉴》2019 提供的具体折算方式：例如煤炭为 0.7143kg 标准煤 /kg,焦炭为 0.7476t 碳 /t 标准煤,依据碳排放量核算原理：$E=AD \times EF$（AD 代表企业在成本核算期内工业生产活动中化石燃料的总量、原料的需求量和所购入或产出的能量，EF 代表碳排放量指标，为碳排放量系数，一般燃料品种的排放因子选取可以考虑 IPCC 指南的建议）。

1.2.2 建筑碳排放界定

对于建筑碳排放来讲，是将前期规划与建筑设计、材料构件制备、建造与运输、运行与维护、拆解与处置整个系统活动中的能量传递所带来的对环境的经济性、社会效益以及环境保护整体价值的总体评估。基于建筑能耗的不同，建筑碳排放有广义和狭义之分，广义概念基于建筑全生命周期的概念，而建筑碳排放量模型的设计则主要将建筑全生命概念分为建筑材料制造、施工、运行、拆除 4 个步骤，统计了建筑工程在各个时期的碳排放量情况并加以总结；而狭义概念仅涉及建筑运行过程的碳排放量，因为建筑物的使用和维护阶段中，煤炭、柴油、汽油、电力等能源消耗往往占总量的 80% ~ 90%。

建筑碳排放计算边界是指与建筑物有关的建材生产及运输、建造及拆除、运行及维护阶段产生的温室气体，如图 1-6 所示。

1.2.2.1 建材生产阶段的碳排放源

建材生产阶段包含的碳排放源主要有原材料开采、挖掘耗能所产生的碳排放，材料运输到工厂的过程中耗能所产生的碳排放，生产耗能所产生的碳排放，生产过

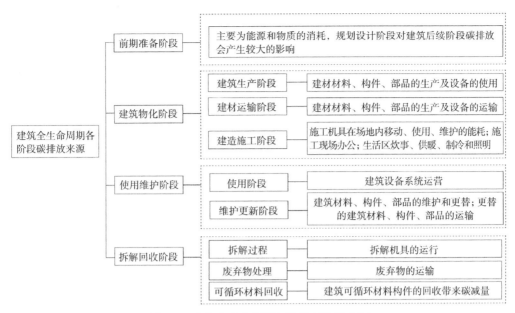

图 1-6 建筑全生命周期各阶段碳排放来源

程中发生化学反应所产生的碳排放，暖通设备生产所产生的碳排放以及垃圾处理所产生的碳排放等。在整个建筑的生命周期中，原材料加工、构件的制作是能量消耗比较大的一部分，其中原材料中所占比例较大的是钢铁、水泥、砂石、砖等（图 1-7、图 1-8），它们在生产加工中会消耗巨大的能源和物料，产生大量温室气体。在整个生产过程中考察最多的是原材料采集、材料运输以及生产能耗三个排放源。

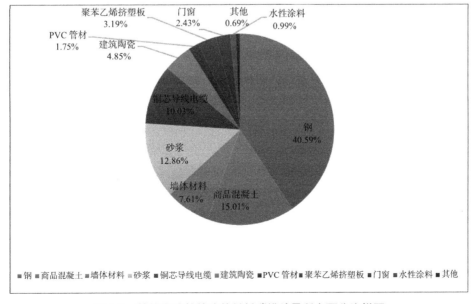

图 1-7 某住宅建筑的建筑材料碳排放量所占百分比饼图

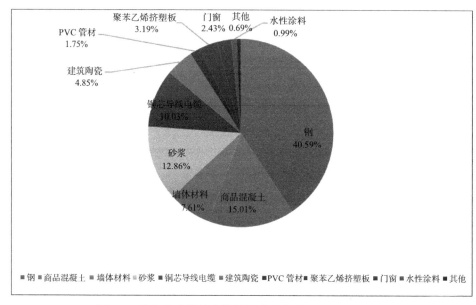

图 1-8 某办公建筑的建筑材料碳排放量所占百分比饼图

1.2.2.2 建造施工阶段的碳排放源

由于规划师、设计师等对建筑场地的选择、建筑构造的选择以及建筑形式的设计等会有所不同，那么建筑所用材料、保温隔热和暖通设备等对建筑能耗有影响的性能特征也会大有不同，这将会直接导致建筑生命周期其他各个阶段耗能产生二氧化碳的排放量出现较大差异。首先，规划设计对建筑全生命周期范围内的碳排放有着至关重要的作用。其次，建筑材料的运输主要考虑建筑材料从工厂运输至施工现场的过程中运输工具耗能所产生的碳排放，不考虑中间销售商的转运以及施工现场的二次运输等。建材运输过程中的碳排放主要体现在所选择的运输方式、选择的交通工具以及运输距离的长短，不同的选择将会产生不同的碳排放量。最后是现场建设施工，这一阶段是建材、构件在整个建筑过程中生产制造的延续，其碳排放主要来源于施工现场的二次搬运、机械设备的运行、建筑施工垃圾和周转材料的运输处理等过程中能源消耗所产生的二氧化碳。图 1-9、图 1-10 为 2004 ~ 2018 年中国民用建筑建造能耗和碳排放。

1.2.2.3 运行使用阶段的碳排放源

运行使用阶段是建筑生命周期中持续时间最长的一个阶段，是体现建筑功能的主要阶段，此阶段的碳排放主要来源于以下三个方面：一方面是暖通设备运行维护中消耗物质和能源产生的碳排放；一方面是建筑在运行过程中耗费的煤气、电力、燃气等用以解决供暖、空调、采光、供水等日常生活需求而产生的碳排放；一方面是建筑在运行使用过程中，某些部位和建材会发生老化、变旧等，从而失去使用功能，因此，需要适时地进行维护更新。图 1-11 为 2001 ~ 2018 年中国建筑运行阶段能耗。

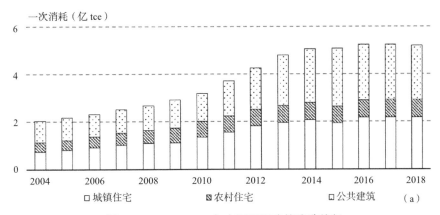

图 1-9 2004～2018 年中国民用建筑建造能耗

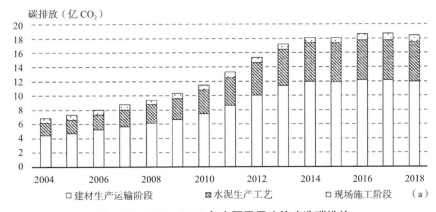

图 1-10 2004～2018 年中国民用建筑建造碳排放

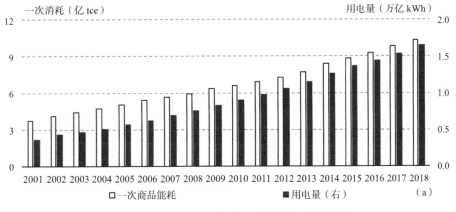

图 1-11 2001～2018 年中国建筑运行阶段能耗

1.2.2.4 拆除报废阶段的碳排放源

拆除报废阶段包含的碳排放源主要有建筑设备拆解过程、建筑废弃物运输过程以及建筑废弃物处理过程中产生的碳排放,如图 1-12 所示。拆除报废象征着建筑生命周期的结束，但是并不意味着建筑原材料生命的终结，建材随后将进入回收、再利用、处理阶段，进入下一个循环周期。垃圾处理主要有回收、焚烧和填埋三种方式，对于不同材料的建筑垃圾，对其最终的处理方式也会有所不同。拆解过程中主要为拆除设备运行能耗和人工，其中拆除方式会随着建筑结构形式的不同而不同，如土木结构住宅主要是人力拆除或者机械拆除，钢筋混凝土结构住宅大多采用爆破和机械拆除，钢结构住宅主要是人工拆解等，不同的拆除方式，消耗的能源也会大不相同。对建筑垃圾运输碳排放的考虑也主要体现在运输方式和运输距离长短的选择，不同的选择将对应不同的碳排放量。

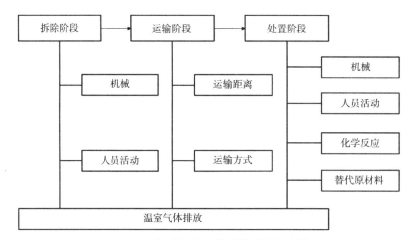

图 1-12　拆除报废阶段碳排放计算边界

1.2.2.5　建筑碳排放组成

按照产生碳排放的边界，建筑碳排放也可由以下三部分组成：（1）建筑直接碳排放，指建筑运行阶段直接消耗的资源而产生的碳排放，主要来源于建筑炊事、热水和分散供暖等。2020 年，生态环境部发布的《省级二氧化碳排放达峰行动方案编制指南（征求意见稿）》正是根据此口径划定建筑行业碳排放界限。（2）建筑间接碳排放，即由建筑运行阶段消耗的电能和热能两大二次能源所产生的总碳排放，这是建筑物运行阶段碳排放的主要组成部分。直接碳排放和间接碳排放相加即为建筑运行碳排放。（3）建筑隐含碳排放，指建筑施工和建材生产带来的碳排放，也被称为建筑物化碳排放。全部三项之和可称为建筑全生命周期碳排放，如图 1-13 所示。

1.2.3　我国建筑碳排放现状

中国社科院学部委员、北京工业大学生态文明研究院院长潘家华指出："碳达峰、碳中和工作没有捷径可走，首当其冲就是要控制化石能源消费。"建筑行业的绝大部分资源消耗和温室气体排放都是发生在建筑的建造和运营两个环节。核算结

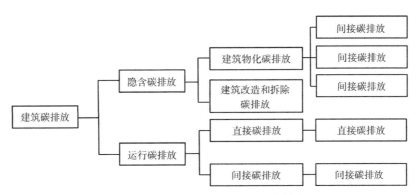

图 1-13 建筑全生命周期碳排放核算范围

果显示，建筑生命周期碳排放量在 $30 \sim 60 kgCO_2/（m^2 \cdot a）$；其中，建筑运营维护阶段（75% ~ 87%）和建材生产阶段（11% ~ 25%）产生的碳排放占比最大，因此这两个阶段也是低碳建筑设计中最应重视的阶段，如图 1-14 所示。

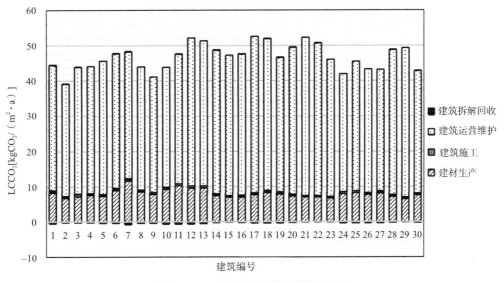

图 1-14 30 栋建筑各阶段碳排放结果

图 1-15 为 2000 ~ 2017 年我国建筑业能源消费总量趋势，其结果显示我国建筑能源消费总量保持逐年增长的趋势。分析我国能源消费速率和能源开发速度，发现能源开发量难以长期维持能源消费量。为了应对巨大的建筑能耗压力，保证经济稳健增长，建筑节能无疑是当前以及今后很长一段时间内的重要课题与任务。建筑领域是我国能源消耗的三大领域之一，也是我国主要的二氧化碳排放源。2020 年我国建筑领域运行阶段二氧化碳排放量约占全国能源活动碳排放量的 20%。其中，直接排放占建筑领域总排放量的 31.8%；间接排放占建筑领域总排放量的 68.2%，图 1-16 为 2005 ~ 2019 年我国建筑领域二氧化碳排放趋势。

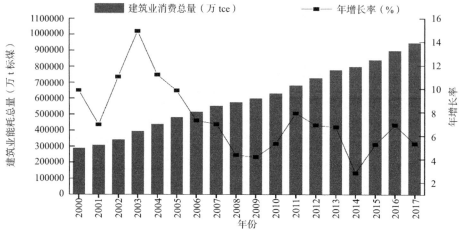

图 1-15　2000~2017 年我国建筑业能源总消耗

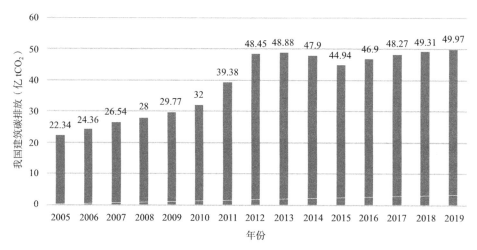

图 1-16　2005~2019 年我国建筑领域二氧化碳排放趋势

1.3　建筑碳排放核算

1.3.1　碳排放核算相关定义

1.3.1.1　碳排放核算

碳排放核算是定量化描述碳排放量趋势和探讨碳排放量影响原因以及进行节能减排设计的理论基础。碳排放核算是有效开展各项碳减排工作、促进经济绿色转型的基本前提，是积极参与应对气候变化国际谈判的重要支撑。碳核算可以直接量化碳排放的数据，还可以通过分析各环节碳排放的数据，找出潜在的减排环节和方式，对碳中和目标的实现、碳交易市场的运行至关重要。目前全球比较认可的碳排放核算方法主要有三种，分别为：实测法、质量平衡法和排放因子法。其中排放因子法是适用范围最广、应用最为普遍的一种碳核算办法。质量平衡法可以根据每年用于国家生产生活的新化学物质和设备，计算为满足新设备能力或替换去除气体而消耗的新化学物质份额。实测法基于排放源实测基础数据，汇总得到相关碳排放量，这里又包括两种实测方法，即现场测量和非现场测量。

1.3.1.2　建筑碳排放核算

《建筑碳排放计算标准》GB/T 51366—2019 明确了建筑碳排放计算边界，即建筑物在与其有关的建材生产及运输、建造及拆除、运行阶段产生的温室气体排放的总和，以二氧化碳当量表示。计算边界是指与建筑全生命周期的温室气体排放的计算范围。建筑碳汇是指在划定的建筑物项目范围内，绿化、植被从空气中吸收并存储的二氧化碳量。根据上述界定可知实测法、质量平衡法都不太适用于建筑领域的碳排放核算，因此采用排放因子法。建筑碳排放 = 建筑的直接或间接项目的活动水平数据 × 排放因子。

目前在建筑领域对碳排放核算的研究主要分成两个层面：一个是微观层面，建筑物单体的碳排放量核算；另一个则是宏观层面，全球、各国、各地区、各省市等单位建筑物碳排放的核算。

1.3.2　国内外碳排放核算标准及方法

1.3.2.1　国内外建筑领域碳排放核算标准

标准体系是指导标准化工作的有效手段，碳排放核算工作的开展离不开完备的低碳标准体系。在碳中和目标背景下，各国政府及组织正在积极开展研究制定标准化方法及体系，主要围绕建筑能耗、碳排放核算标准和方法等展开。随着可持续理念在建筑领域的发展，分析建筑全生命周期碳排放已经成为一种重要的研究方法。经过不断的实践与总结，目前全世界发布了多本相关的碳排放核算标准，例如国际技术标准 ISO/TS 14067：2013、联合国碳排放通用指标（Common Carbonmetrics）、中国的建筑碳排放计量标准和计算标准等，下面重点介绍以下四个核算标准。

1. 国际技术标准 ISO/TS 14067：2013

国际技术标准阐述了建筑碳足迹核算的最大难题在于建筑构件的多样性和产品系统的复杂性。因为任何一座建筑物都可能包含 60 种以上的建筑材料和设备以及超过 2000 件的独立产品，每一种产品都有其各自的生命周期和独一无二的生产、维修和处置方法。除此以外，建筑的寿命较长（一般至少 50 年，明显比普通产品或产品系统的寿命长），在其生命周期内除了新建，还可能需要维护、修缮、更新、改造直至拆除。鉴于以上因素，核算建筑碳足迹的体系要满足不同的决策要求，例如，建筑设计阶段如何科学选择低碳的建材、低碳的建筑构造、低碳的施工方案，以及减少运营阶段的碳排放；对于既有建筑，如何评价其碳足迹的大小；在建筑节能改造过程中，如何综合评价改造方案是否在碳排放方面影响最小；如何选择建筑的低碳拆除方案等。这就需要在一个科学合理的建筑碳足迹评价核算体系框架内，能够满足不同的评价核算需求，以起到各种要求能够在同一个"坐标系"内公平比较的作用。

2.碳排放通用指标（Common Carbon Metrics）

由联合国环境规划署（UNEP）颁布的建筑碳排放通用指标，旨在为建筑拥有者提供建筑运行阶段的碳排放核算的通用方法。同时统计各国的能源消耗和碳排放量，预测各国的减碳潜力，为各国节能减排政策制定提供理论数据支撑，从而使得在建筑节能减排政策法规实施过程中，有关指数可计算、可预报、可验证。主要技术手段是通过计算实际建筑的消耗量，并采用不同的碳排放因子将其折算为碳排放当量。此研究还提出了针对单体建筑物和国家、城市和区域等建筑群的两种计算方法。

针对单体建筑的计算方法，首先是建筑分类，大类是居住建筑和非居住建筑，其中居住建筑可以分为单层住宅和多层住宅，对于非居住建筑则分为公共建筑和工业建筑。然后需要不同国家和地区从各渠道获取相关能源数据，例如政府、能源供应商等部门。之后根据建筑位置、建筑面积、建筑年限、建筑使用人数进行细分。最后利用采暖度日数和制冷度日数进行修正，进而测算单体建筑的碳排放量。

针对国家、城市和地区级建筑群的计算方法，与计算单体的方法基本一致，通过获取各国家、城市和地区的建筑能耗，然后根据建筑类型、建筑比例、建筑年限等信息计算出整个国家、城市和地区的建筑物总体能耗和总碳排放，最后依据单体建筑的计算结果进行验证。

3.《建筑碳排放计量标准》CECS 374：2014

《建筑碳排放计量标准》CECS 374：2014为中国工程建设标准化协会标准，该标准规定了建筑从材料生产、施工建造、运行维护、拆解直至回收的全生命周期过程中进行碳排放计量所要采用的方法与原则。该标准对计量建筑碳排放所涉及的活动水平数据以及碳排放因子的采集工作，从内容范围、采集方法、来源渠道以及质量要求等方面都做了相应规定；对建筑碳排放数据核算，给出了全生命周期各阶段的碳排放计算模型、相关计算参数及其选用条件；对计量结果的发布形式、发布内容等做出统一规定。

4.《建筑碳排放计算标准》GB/T 51366—2019

《建筑碳排放计算标准》GB/T 51366—2019由住房和城乡建设部发布，旨在引导建筑物在设计阶段考虑其全生命期节能减碳，增强建筑及建材企业对碳排放核算、报告、监测、核查的意识，为未来建筑物参与碳排放交易、碳税、碳配额、碳足迹以及开展国际比对等工作提供技术支撑。

1.3.2.2 国内外建筑领域碳排放核算方法

目前国内外比较认可的碳排放核算方法主要有五种：实测法、投入产出法、物料衡算法、生命周期评价法和排放因子法。上述五种方法的计算特点与适用场景各不相同，例如排放因子法适用于建筑碳排放物化阶段。

1.实测法

实测法主要用于各类建筑产品在开采、加工、生产全过程的碳排放统计。其主要是环境监测站认定的连续计量设施对现场燃烧设备进行监测，测量排放温室气体的流速、流量和浓度的数据，由生态环境部门对上述监测数据进行认定，最后依据认定的监测数据计算所排放的气体中温室气体的排放量。实测法要求所监测的数据样本具有典型性，并且实测法的成本很高。虽然实测法计算结果精确，但对于施工现场环境要求较高，在具体工程应用中存在障碍。

2. 投入产出法（EIO-LCI）

投入产出法是宏观层面的碳排放核算方法，可以追踪产品生产的直接和间接能源使用及二氧化碳排放情况。将环境数据与经济投入产出相关联，以投入产出表为数据依据，进行部门间的环境影响量化。投入产出法对工程具体过程缺乏分析，适用于产品生产过程。

3. 物料衡算法

物料衡算法是对生产过程中使用的物料情况进行定量分析的一种方法，其遵循的是质量守恒定律。其计算模型为：二氧化碳（CO_2）排放 =（原料投入量 × 原料含碳量 − 产品产出量 × 产品含碳量 − 废物输出量 × 废物含碳量）× 44/12，其中，44/12 是碳转换成 CO_2 的转换系数（即 CO_2/C 的相对原子质量）。物料衡算法是基于环境的输入和输出从上至下的分析。环境的输入和输出分析通过结合大量的环境数据，以经济总体环境作为范围，从宏观层面对碳足迹进行分析。这种方法是以细节的缺失为代价的，假设价格、产出和同行业层级的排放水平等具有同质性，那么对于产品和过程等微观系统的分析存在局限性。

4. 生命周期评价法

基于过程的生命周期评价法主要是以过程分析为出发点，详细地解释碳排放的各个过程，然后将各个过程分解计算，最终累加求和得出碳排放总量。其计算模型为：碳排放量 = 活动数据 × 排放因子。生命周期评价法在确定评价范围以及系统边界后，能够对研究范围内所有过程的资源消耗、能源消耗等产生的环境影响进行有效量化和评估。

5. 排放因子法

排放系数是指生产单位产品所排放的二氧化碳的当量值，而碳排放数据库是指一个类别的产品的排放系数集合，如 IPCC 提供的能源碳排放数据库。排放因子法是指通过在一般作业经济和常规科学的管理条件下，根据制造同一商品的各种工序、在不同规模下温室气体排放量进行统计加权的平均值得出。排放因子法将影响整体碳排放量的活动数量和单位活动的排放量系数相结合，以求得总体的碳排放量。根据 IPCC 提供的碳核算基本方程：温室气体（GHG）排放 = 活动数据（AD）× 排放因子（EF），EF 既可以直接采用 IPCC、美国环境保护署、欧洲环境机构等提供的已知数据（即缺省值），也可以基于代表性的测量数据来推算。我国已经基于实际情况设置了国家参数，例如《工业其他行业企业温室气体排放核算方法与报告指南（试行）》中的附录二，提供了常见化石燃料特性参数缺省值数据。排放因子法既可以满足施工现场的环境状况，数据获取相对简单，还可以对工程数据进行分析；计算模型主要是将温室气体活动的数据与温室气体排放的因子相乘得到，基于过程分析从下至上的累加。

参考文献

[1] 龙惟定,梁浩.我国城市建筑碳达峰与碳中和路径探讨 [J].暖通空调,2021,51（4）:1-17.

[2] AmocoB. BP Statistical Review of World Energy 2021[EB/OL].

[3] 李岳岩,陈静.建筑全生命周期的碳足迹 [M].北京:中国建筑工业出版社,2020.

[4] 胡姗,张洋,燕达,等.中国建筑领域能耗与碳排放的界定与核算 [J].建筑科学,2020,36（S2）:288-297.

[5] 吴羽柔,张双璐,江练鑫.我国建筑碳排放现状及碳中和路径探讨 [J].重庆建筑,2021,20（S1）:66-68.

[6] 毛希凯.建筑生命周期碳排放预测模型研究 [D].天津:天津大学,2018.

[7] 李小冬,朱辰.我国建筑碳排放核算及影响因素研究综述 [J].安全与环境学报,2020,20（1）:317-327.

第 2 章

建筑碳达峰与碳中和

2.1 碳达峰概述

2.1.1 碳达峰的涵义

碳达峰（Peak carbon dioxide emissions）是指某个地区或行业年度二氧化碳排放量达到历史最高值，然后经历平台期进入持续下降的过程，是二氧化碳排放量由增转降的历史拐点，标志着碳排放与经济发展实现脱钩，达峰目标包括达峰年份和峰值。碳排放与经济发展密切相关，经济发展需要消耗能源。"碳达峰"就是我国承诺在 2030 年前，二氧化碳的排放不再增长，达到峰值之后再慢慢减下去。

2.1.2 碳达峰的意义

我国碳达峰碳中和的重大决策，凸显了我国生态文明建设的战略定力和大国担当，向世界释放了中国坚定走绿色低碳发展道路、引领全球生态文明和美丽世界建设的积极信号。我国强化气候行动的新目标不仅为我国实施积极应对气候变化国家战略指明了方向，也为进一步推动经济高质量发展、提升生态环境高水平保护提供了强有力的抓手。

建筑、工业和交通运输被公认为是全球三大"耗能大户"，全球温室气体排放量的 73% 源于能源消耗。其中，35% 来自建筑、交通运输和工业等能源消费部门。我国建筑全过程能耗总量占全国能源消费及碳排放总量的比重近 50%，因此，绿色建筑发展是大势所趋。世界绿色建筑委员会（WGBC）和国际能源署（IEA）估计，为将全球变暖限制在 2℃ 以内，建筑环境部门需减少 840 亿 t 碳足迹。即现有储量的碳排放必须减少 80%，所有新开发项目必须在 2050 年前实现净零能源。2019 年，我国城镇建筑面积存量约 650 亿 m²，且每年新增量约 20 亿 m²。"十四五"期间，我国建筑市场将从中速增长期进入中低速发展期，但仍有全球最大的建设规模。预测到 2025 年，我国建筑行业总产值将达到 33 万亿元，较 2020 年尚有约 20% 的增量空间。我国建筑碳排放量远高于交通运输业和生产制造业，按照当前的技术水平，每建造 1m² 房屋，约产生 0.8t 碳。中国建筑节能协会发布的《中国建筑能耗研究报告（2020）》显示，2018 年我国建筑全过程能耗总量为 21.47 亿 t 标准煤当量，占全国能源消费总量的 46.5%；二氧化碳排放总量为 49.3 亿 t，占全国二氧化碳排放总量的 51%，是全球二氧化碳排放总量的 15%。因此，在建筑环境中应用绿色技术，减少资源消耗和对环境的影响，通过应用新技术、新材料、新模式推进绿色建筑，体现节能、节地、节水、节材等环境保护理念，研究并推广绿色节能建筑、实现建筑领域碳达峰具有重要现实意义。

2.2　建筑领域碳达峰方案

各省市建筑领域碳达峰实施方案见表 2-1。

各省市建筑领域碳达峰实施方案　　　　表 2-1

地区	碳达峰、碳中和方案	方案要点（建筑领域）
国务院	2030 年前碳达峰行动方案	（1）到 2025 年，城镇新建建筑全面执行绿色建筑标准。到 2025 年，城镇建筑可再生能源替代率达到 8%，新建公共机构建筑、新建厂房屋顶光伏覆盖率力争达到 50%。 （2）到 2030 年，风电、太阳能发电总装机容量达到 12 亿 kW 以上。加快提升建筑能效水平。加快更新建筑节能、市政基础设施等标准，提高节能降碳要求
北京市	北京市碳达峰实施方案	（1）到 2025 年，新能源和可再生能源供暖面积达到 1.45 亿 m² 左右。实现装配式建筑占新建建筑面积的比例达到 55%。力争累计推广超低能耗建筑规模达到 500 万 m²。新建公共机构建筑、新建园区、新建厂房屋顶光伏覆盖率不低于 50%。力争完成 3000 万 m² 公共建筑节能绿色化改造。新增热泵供暖应用建筑面积 4500 万 m²。 （2）到 2030 年，可再生能源消费比重达到 25% 左右，太阳能、风电总装机容量达到 500 万 kW 左右，新能源和可再生能源供暖面积比重约为 15%
天津市	天津市碳达峰实施方案	到 2025 年，城镇新建建筑中绿色建筑面积占比达到 100%，新建居住建筑节能设计标准执行比例达到 100%，实施公共建筑能效提升改造面积 150 万 m² 以上。到 2025 年，城镇建筑可再生能源替代率达到 8%，新建公共机构建筑、新建厂房屋顶光伏覆盖率力争达到 50%
江西省	江西省碳达峰实施方案	（1）到 2025 年，非化石能源消费比重达到 18.3%。新型储能装机容量达到 100 万 kW。城镇新建建筑全面执行绿色建筑标准。城镇建筑可再生能源替代率达到 8%，新建公共机构建筑、新建厂房屋顶光伏覆盖率力争达到 50%。 （2）到 2030 年，风电、太阳能发电总装机容量达到 0.6 亿 kW，生物质发电装机容量力争达到 150 万 kW 左右。抽水蓄能电站装机容量力争达到 1000 万 kW
四川省	四川省积极有序推广和规范碳中和方案	支持建设绿色低碳园区、绿色低碳工厂，推进园区实施循环化改造，积极创建国家生态工业示范园区。开展近零碳排放园区、碳中和企业试点示范，坚决遏制高耗能高排放项目盲目发展。探索跨区域合作发展利益分享机制，支持共建以绿色低碳优势产业为特色的"飞地园区"
浙江省	浙江省碳达峰碳中和科技创新行动方案	（1）低碳技术集成与优化。聚焦低碳建筑，通过多技术单元集成与优化，着力发展装配式建筑。 （2）推进可再生能源替代。围绕建筑等领域推进可再生能源替代，大力推广太阳能、风电、生物质能利用先进技术，积极推动储能、氢能、能源互联网等技术迭代应用

续表

地区	碳达峰、碳中和方案	方案要点（建筑领域）
江苏省	江苏省碳达峰实施方案	（1）持续提升新建建筑和基础设施节能标准，加快推进绿色低碳建筑规模化发展。大力推进既有建筑、老旧供热管网等市政基础设施节能改造，提升建筑节能低碳水平。全面应用绿色低碳建材，推动建筑材料循环利用。加强绿色低碳社区建设，推进绿色农房建设。 （2）加快推动建筑用能电气化和低碳化，大幅提高建筑供暖、生活热水、炊事等电气化普及率，深入推进建筑领域可再生能源规模化应用
宁夏回族自治区	宁夏回族自治区碳达峰实施方案	（1）到 2025 年，装配式建筑占同期新开工建筑面积比重达 25%，新建居住建筑全部达到 75% 节能要求，新建建筑 100% 执行绿色建筑标准，政府投资公益性建筑、大型公共建筑 100% 达到一星级以上标准；到 2030 年，装配式建筑占同期新开工建筑面积比重达到 35%，新建居住建筑本体达到 83% 节能要求，新建公共建筑本体达到 78% 节能要求。新建工业厂房、公共建筑光伏一体化应用比例达到 50%，党政机关、学校、医院等既有公共建筑太阳能光伏系统应用比例达到 15%。 （2）到 2030 年，各地级市全部完成公共建筑节能改造任务，改造后实现整体能效提升 20% 以上。建筑用电占建筑能耗比例超过 65%。建成一批绿色农房，鼓励建设星级绿色农房和零碳农房

2.3　碳中和建筑概述

随着工业化及城市化进程的不断推进，以二氧化碳为主的温室气体排放量日益增加，气候变化已成为全球性环境问题。建筑碳排放是引起这一环境问题的主要原因之一，2021 年建筑物运营及建材生产的排放量占全球排放量的 37% 左右。为了应对这一气候问题，2019 年 9 月，世界绿色建筑委员会（World Green Building Council，World GBC）在其发布的《将隐含碳提前》一文中呼吁："到 2030 年，所有新建建筑、基础设施和翻修项目的隐含碳将至少减少 40%，并显著减少前期碳，所有新建建筑必须实现净零运营阶段碳排放。到 2050 年，新建建筑、基础设施和翻修项目将实现净零隐含碳，所有建筑，包括现有建筑，必须实现净零运营阶段碳排放。" 2022 年，World GBC 发布了《推进净零状态报告》，进一步强调了建筑减排的紧迫性并提出具体减排路径。我国"双碳"目标确定后，城乡建设领域开展了一系列的政策研究及标准制定工作。住房和城乡建设部联合国家发展和改革委员会于 2022 年 7 月印发的《城乡建设领域碳达峰实施方案》中提出多举措并行，为实现碳中和目标做好准备工作。

一直以来，建筑被认为是用能终端，要实现建筑零碳排放，首先要压减建筑运行使用的能源消耗，于是高性能围护结构得到普遍重视，但考虑到成本投入和建筑类型，建筑仅依靠自身的传统设计很难实现运行零碳排放，即便是采用一定比例的可再生能源，受限于场地、建筑外表面积等因素，也难以从整体上实现零碳排放。因此，在当前各机构发布的零碳建筑（Zero carbon building）或净零碳建筑（Net zero carbon building）标准中可以看到，大部分认可并采用了外部抵消措施。2021 年 8 月，IPCC 发布第六次评估报告（AR6）第一工作组（WGI）报告，规范了碳中和的定义，即"碳中和是指一定时期内特定实施主体（国家、组织、地区、商品或活动等）人为二氧化碳排放量与人为二氧化碳移除量之间达到平衡"。建筑是一类特殊的产品，引入外部抵消的方式，符合碳中和的定义，并且能够更清晰地表述现阶段建筑实现零碳排放状态的技术路径，因此，我们将基于高性能建筑、引入外部抵消措施，计划或已经实现特定时间段零碳排放状态的建筑定义为碳中和建筑。

虽然目标一致，但"碳中和""零碳"以及"净零碳"在定义倾向上，还是存在些许差异。加拿大绿色建筑委员会（Canada Green Building Council，CaGBC）给出零碳建筑的定义是"在建筑现场生产的可再生能源和采购的高质量碳补偿措施完全抵消建筑材料和运营相关的年度碳排放的高效节能建筑"。此时碳中和与零碳是完全一样的，而 World GBC 定义的净零碳建筑则是"高效节能的建筑，完全由现场或场外可再生能源提供动力"。此时的碳中和范围比净零碳大，即碳中和建筑实际上包含了建筑自身实现的零碳排放（运行阶段）和借助外部抵消措施实现的零碳排放（运行阶段或全生命期）。

"碳中和""零碳"和"净零碳"不同的定义差别来源于各地区不同的气候条件、资源禀赋以及建筑技术和经济发展水平等。因此，碳中和建筑的评价体系应充分考虑当前的建筑节能要求、建筑新技术发展水平和发展趋势、碳交易市场的建设情况等因素，使之符合当前我国城乡建设低碳发展的基本要求，同时能够支撑新技术的应用，推动建筑深度减碳。

2.4 碳中和建筑评价体系的构建

2.4.1 碳中和建筑的实施基础

近年来，我国绿色建筑呈大规模快速发展态势，在数量与覆盖范围上取得了瞩目的成绩，2022 年上半年，新建绿色建筑占比已超 90%。立足于当下国情，将绿色建筑作为碳中和建筑的实施基础，具有多方面的优势：

（1）绿色建筑标准、技术、产品、人才配套完整；

（2）绿色建筑包含 5 大性能要求，覆盖全面；

（3）绿色建筑符合当前政策要求，政策的延续性强；

（4）绿色建筑增量成本持续下降，技术经济可行；

（5）绿色建筑认可度高，具备国际交流的基础；

（6）绿色建筑综合减碳效果明显。

绿色建筑的定义是"在全生命期内，节约资源、保护环境、减少污染，为人们提供健康、适用、高效的使用空间，最大限度地实现人与自然和谐共生的高质量建筑。"在促进建筑碳减排方面，绿色建筑不仅对降低建筑运行碳排放有所要求，还对建筑全生命期碳排放降低提出要求（《绿色建筑评价标准》GB/T 50378—2019 创新项第 9.2.7 条），兼顾了建筑设计的被动节能、高能效建筑设备的主动节能，以及建筑使用和管理的行为节能，具有显著的综合减碳效益。通过对绿色公共建筑和绿色居住建筑碳排放水平进行调研分析，结果如图 2-1 所示。图 2-1（a）描述了绿色公共建筑全生命期碳排放强度水平，全生命期碳排放平均值为 63.05kgCO$_2$/（m^2·a），略高于中国建筑节能协会发布的 2020 年全国公共建筑运行碳排放平均值 60.78kgCO$_2$/（m^2·a）。图 2-1（b）描述了绿色居住建筑全生命期碳排放强度水平，全生命期碳排放平均值为 26.34kgCO$_2$/（m^2·a），略低于中国建筑节能协会发布的 2020 年全国居住建筑运行碳排放平均值 29.02kgCO$_2$/（m^2·a）。由于建筑全生命期中主要碳排放阶段为建材生产阶段和运行阶段，分别占建筑全过程的 55.4% 和 42.6%。因此上述结果表明，在整体上绿色建筑全生命期碳排放强度接近当前建筑运行碳排放平均强度，相当于通过绿色建筑设计实践，抵消了建筑隐含碳或建筑运行碳的压减，有效抵减了建筑隐含碳。

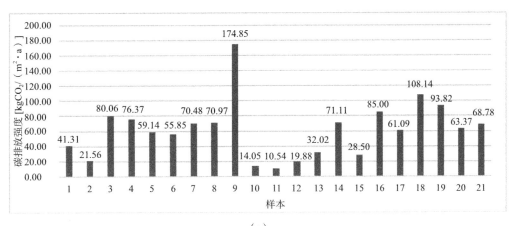

（a）

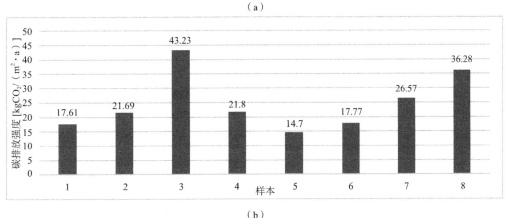

（b）

图 2-1　绿色建筑全生命期碳排放强度

（a）绿色公共建筑；（b）绿色居住建筑

2.4.2　碳中和建筑评价导则

以绿色建筑为碳中和建筑评价的实施基础，基于当前技术成熟、经济可行的绿色建筑碳减排措施，采取分级评价的方式，鼓励具备条件的项目勇于挑战新技术、新产品的应用和实践。2022 年 6 月，中国城市科学研究会联合中国房地产业协会发布《碳中和建筑评价导则（第一版）》（以下简称《导则》)，如图 2-2 所示。《导则》编制目的是引导建筑从易到难、分阶有序地实现高质量碳中和，约束和规范建筑借助外部碳抵消措施（如核证减排量等碳减排产品）进行碳中和，避免建筑"漂绿"泛滥，保护先行先试高水平碳中和建筑的健康发展环境。

《导则》是我国首个碳中和建筑相关的评价标准，明确了碳中和建筑的定义：通过优化建筑设计和运行管理，提高建筑自身的节能减碳能力，并综合应用零碳电力、碳减排产品等措施，实现净零碳排放状态的建筑。

图 2-2 《碳中和建筑评价导则（第一版）》

2.4.3 主要内容与等级划分

《导则》要求碳中和建筑首先应是绿色建筑，在此基础上分别满足建筑性能、碳排放计算与核查、碳排放抵消措施和碳中和声明的要求。《导则》提出了能耗强度、建筑负荷调节能力、可再生能源电力替代率、绿色建材应用比例和绿容率 5 项指标作为等级划分的关键内容，按照指标不同限值，《导则》将碳中和建筑划分为 4 个等级：铜级、银级、金级和铂金级，如表 2-2 所示。其中铜级有 2 个指标要求：能耗强度需满足现行国家建筑节能标准要求；可再生能源电力替代率 ≥ 2%。银级需要满足 5 项指标限值：能耗强度相比现行国家建筑节能标准要求降低 20% 以上；建筑负荷调节能力 ≥ 20%；可再生能源电力替代率 ≥ 4%；绿色建材应用比例 ≥ 30%；

绿容率≥ 0.5。金级需要满足 5 项指标限值：能耗强度相比现行国家建筑节能标准要求降低 25% 以上；建筑负荷调节能力≥ 30%；可再生能源电力替代率≥ 8%；绿色建材应用比例≥ 50%；绿容率≥ 0.8。铂金级需要满足 5 项指标限值：能耗强度相比现行国家建筑节能标准要求降低 30% 以上；建筑负荷调节能力≥ 40%；可再生能源电力替代率≥ 15%；绿色建材应用比例≥ 70%；绿容率≥ 1.0。

《导则》提供了预评价和评价 2 种评价方式。对于新建建筑，完成施工图设计或正在施工但尚未竣工的项目，可申请碳中和建筑预评价认证；对于既有建筑，已投入使用一年以上，可申请碳中和建筑评价认证。需要注意的是，处于使用过程，对未来一年或多年的碳中和情况进行评价的项目，也适用于预评价，因为此部分碳排放与尚未竣工的项目一样，都是属于未发生的碳排放。此外，《导则》还允许对全生命周期或仅运行阶段进行碳中和评价。申请碳中和建筑评价的项目应事先进行碳中和建筑声明，这是一种国际通行的对外进行信息沟通的做法，申请单位在声明中明确碳中和是面向全生命期还是仅运行阶段，并详细介绍声明对象的碳排放情况、采取的碳抵消措施，以及保障碳中和计划可靠实施的管理制度等内容。面向建筑全生命期的碳中和需同时抵消建筑隐含碳和建筑运行碳，而面向运行阶段的碳中和仅需抵消声明周期内的运行碳。

各等级碳中和建筑的技术要求　　　　　　　　　表 2-2

等级	能耗强度	建筑负荷调节能力	可再生能源电力替代率	绿色建材应用比例	绿容率
铜级	满足现行国家建筑节能标准要求	—	≥ 2%	—	—
银级	相比现行国家建筑节能标准要求降低 20% 以上	≥ 20%	≥ 4%	≥ 30%	≥ 0.5
金级	相比现行国家建筑节能标准要求降低 25% 以上	≥ 30%	≥ 8%	≥ 50%	≥ 0.8
铂金级	相比现行国家建筑节能标准要求降低 30% 以上	≥ 40%	≥ 15%	≥ 70%	≥ 1.0

2.4.4　关键指标与实施方式

2.4.4.1　能耗强度

《导则》采用能耗强度（即能耗限额）作为建筑节能水平的评价指标。根据设计和运行两个阶段的特点，分别规定如下：

（1）对于设计建造阶段的新建、改建和扩建民用建筑，生活用能较难准确模拟分析，因此仅关注供暖空调和照明系统能耗这两类建筑主要能耗，可采用能耗模拟软件，计算建筑在标准工况下的能耗情况，结果要求不高于现行国家强制性规范《建筑节能与可再生能源利用通用规范》GB 55015 的平均能耗水平。

（2）对于已投入运行的建筑，其能耗强度应采用实际计量或统计的结果，且不高于现行国家标准《民用建筑能耗标准》GB/T 51161 的约束值。需要说明的是，当建筑运行后实际使用人数、小时数等参数和现行国家标准《民用建筑能耗标准》GB/T 51161 中规定值不同时，可对建筑实际能耗进行修正。进行银级及以上等级碳中和评价的建筑，应在《民用建筑能耗标准》GB/T 51161 能耗约束值的基础上再降低相应的比例。

2.4.4.2 建筑负荷调节能力

电力系统是一个超大规模的非线性时变能量平衡系统。建筑负荷调节能力的实施目的是在满足建筑使用功能的前提下，削减高峰时段负荷，降低建筑用电负荷波动，进而支撑电网供电负荷曲线平滑，帮助电网实现更加灵活、韧性、经济的供电。建筑侧有望成为重要的能量调蓄资源，建筑中可利用的各种储能资源，对其具有的调节能力进行刻画，如图 2-3 所示。为提高建筑负荷调节能力，可独立或组合采用以下三种方式：（1）设置蓄能设施（蓄电、蓄冷、蓄热）；（2）设置具备建筑电动车交互（Building to Vehicle to Building，BVB）技术的充电桩；（3）存在峰谷电价的地区，在高峰和低谷用电时段，通过建筑管理系统调节建筑用电负荷实现用户响应。

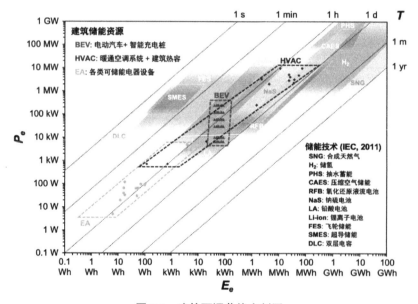

图 2-3　建筑可调节能力刻画

2.4.4.3 可再生能源电力替代率

可再生能源在建筑中的应用，不仅是降低建筑运行碳排放的最有效手段，也是促成建筑从用能终端向产能终端转变的核心因素。鼓励建筑提高可再生能源电力的使用比例，有助于建筑更加主动地参与分布式能源系统建设和使用，从而加速形成智能微电网。建筑可再生能源包括太阳能光热、太阳能光伏、地源热泵、水源热泵、空气源热泵、生物质能以及风力发电等。本指标所指的可再生能源电力仅指可再生能源产生的可商品化的电力，如光伏发电。可再生能源电力替代率计算公式如式（2-1）所示。

$$R_{re} = \frac{E_{re}}{E + \sum E_i f_i} \times 100\%$$ （2-1）

式中，R_{re}——可再生能源电力替代率（%）；

$\quad\quad E_{re}$——建筑使用的可再生能源电力用电量（kWh）；

$\quad\quad E$——建筑运行使用电力用量（kWh）；

$\quad\quad E_i$——建筑运行使用的除电力以外的第 i 种非可再生能源用量；

$\quad\quad f_i$——第 i 类型能源的能源换算系数。

公式（2-1）中，分母是建筑所用到的全部能源，包含电力、外购热、外购冷、化石能源等。建筑使用的可再生能源电力可以是在建筑结构上或在建筑用地红线内安装的可再生能源电力设施，也可以是用地红线外输入的可再生能源电力，但不包含建筑采购的绿电。

2.4.4.4　绿色建材应用比例

绿色建材应用是降低建筑隐含碳的关键措施之一，与通过设计优化减少建材用量相比，绿色建材通过鼓励建材生产企业优化生产工艺，降低生产制造对环境的影响，减少建材产品碳足迹，具有更广泛的实施基础和应用空间。提高绿色建材在建筑用材中的比例，不仅是绿色建筑的关键指标，也是碳中和建筑评价的核心内容。考虑到既有建筑改造的特点，这类项目申请碳中和评价时不考察建筑前期碳排放量（因该部分属于"沉没"碳成本，可能在多个碳排放管控周期前发生）。对于进行节能或绿色改造的既有建筑项目，仅考察新增使用建材的部分，绿色建材的使用比例对比的基准也是新增使用的建材量。新建建筑项目所用建材应全部纳入考评范围。

纳入统计的绿色建材应提供绿色建材标识评价证书，当产品缺少专项绿色建材评价标准，无法进行评价或产品尚未进行绿色建材评价时，可根据产品检测报告，自行或委托第三方出具评估报告，以证明该产品在环境保护和使用性能方面优于行业平均水平。评估报告内容应包含建材环境影响评价（EPD）或碳足迹（CFP）内容，如图 2-4 所示。

2.4.4.5　绿容率

目前建设用地规划条件中常见的绿地率是十分重要的场地生态评价指标，但由于乔灌草生态效益的不同，此类平面面积型绿地率指标无法全面表征场地绿地的空间生态水平，同样的绿地率在不同的景观配置方案下代表的生态效益差异可能较大。绿容率是在原绿地率计算的水平植被比例基础上，考虑了不同植物类型乔灌草立体植被效果，按照植物叶面积取代水平占地面积，再与场地面积的比值。此概念依据植物立体特性，可以更准确地体现出植物的生物量、固碳释氧、调节环境等功能特点，较高的绿容率往往代表较好的生态效益和碳汇量。图 2-5 是某碳中和建筑立体绿化效果图。

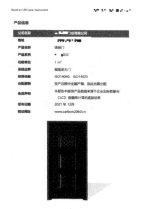

（a）　　　　　　　　　　　　　　（b）

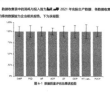

（c）　　　　　　　　　　　　　　（d）

图 2-4　某建材环境影响评价（EPD）报告及证书

（a）EPD 报告 -1；（b）EPD 报告 -2；（c）EPD 报告 -3；（d）EPD 证书

图 2-5　某碳中和建筑立体绿化效果图

2.4.5　碳中和建筑评价案例

在《碳中和建筑评价导则（第一版）》发布后，中国城市科学研究会与中国房地产业协会根据工作需要，陆续编制和发布了《碳中和建筑评价导则——设计与应用手册》《碳中和建筑评价导则——承诺与实现规范性文件编写说明》以及《建筑碳排放分析报告质量要求》系列文件，并于 2022 年 11 月中旬通过网络会议的方式组织专家对第一批申请碳中和建筑标识的项目进行了评价。

首批三个碳中和建筑项目在中和基础、中和阶段、中和方式上各有特点，不仅体现了因地制宜，充分发挥建筑自身碳减排潜力的行业担当，还结合自身的碳排放情况，制定了中长期的碳排放管理与中和计划，使建筑达到并保持零碳排放的状态不仅可行，更可持续。首批碳中和建筑项目信息如表 2-3 所示。

首批碳中和建筑项目信息　　　　　　　　　　　　　　　表 2-3

编号	项目名称	申报单位	标识类型	标识等级
1	"余村印象"	安吉县天荒坪镇人民政府、安吉县天荒坪镇余村村民委员会、中国建筑科学研究院有限公司、中城科泽工程设计集团有限责任公司	预评价	铂金级
2	溧阳市港华之星建材贸易有限公司商务办公楼建设项目	溧阳市港华之星建材贸易有限公司、晋陵设计（江苏）有限公司、常州茗瑞生态科技有限公司	预评价	金级
3	上海市宛平南路 75 号科研办公楼改扩建项目	上海建科集团股份有限公司	预评价	金级

2.4.5.1　"余村印象"

项目位于浙江省湖州市安吉县余村，用地面积 2789m²，总建筑面积 1622.8m²，如图 2-6 所示。

图 2-6　"余村印象"项目效果图

（1）中和基础：绿色建筑二星级；

（2）中和阶段：全生命期；

（3）中和前建筑运行碳排放强度：–13kgCO$_2$/（m^2·a）（建筑光伏发电量超出建筑自身用电量，且已考虑光伏效率的衰减）。

项目设有容量为 256kWh 的储能设施，可实现"光储直柔"，建筑负荷调节能力达到 100%，可再生能源电力替代率达到 100%。设有能耗与碳排放监测系统，预计在投入运行后第五年可实现全生命期碳中和，并在之后保持负碳状态。

2.4.5.2 溧阳市港华之星建材贸易有限公司商务办公楼建设项目

项目位于江苏省常州市溧阳市，规划建设用地面积 6666m^2，总建筑面积 14749m^2，其中地上建筑面积 9989m^2，地下建筑面积 4760m^2，如图 2-7 所示。

（1）中和基础：绿色建筑三星级；

（2）中和阶段：全生命期；

（3）中和前建筑运行碳排放强度：9.33kgCO$_2$/（m^2·a）[考虑了可再生能源发电和乔木绿化的减碳贡献，全国公共建筑运行碳排放平均值 60.78kgCO$_2$/（m^2·a），《中国建筑能耗研究报告（2020）》]；

（4）中和措施：采购 CER（UNFCCC）。

项目在建筑围护结构保温隔热和建筑设备选型上按照超低能耗建筑要求设计，光伏装机容量为 64kW，根据专家建议设置 3 套具备 BVB 功能的充电桩以实现建筑负荷调节。

图 2-7 溧阳市港华之星建材贸易有限公司商务办公楼项目效果图

2.4.5.3 上海市宛平南路 75 号科研办公楼改扩建项目

项目位于上海市徐汇区宛平南路 75 号，总建筑面积 6727.88m^2，其中地上建筑面积 4304.43m²，地下建筑面积 2423.45m²，如图 2-8 所示。

（1）中和基础：绿色建筑三星级；

（2）中和阶段：运行使用阶段；

（3）中和前建筑运行碳排放强度：16.05kgCO₂/（m²·a）[考虑了可再生能源的减碳贡献，全国公共建筑运行碳排放平均值 60.78kgCO₂/（m²·a），《中国建筑能耗研究报告（2020）》]；

（4）中和措施：采购 CCER。

项目采用高性能装配式外墙、平立面光伏模块化集成、空气源热泵集中热水等十大科技示范技术，克服了狭小用地和空间的限制，可再生能源电力替代率达到 9.79%，设置了容量为 126kWh 的储能设施，建筑负荷调节能力达到 41.98%。

图 2-8　上海市宛平南路 75 号科研办公楼改扩建项目效果图

正如《导则》所定义的，碳中和建筑是指通过优化建筑设计和运行管理，提高建筑自身的节能减碳能力，并综合应用零碳电力、碳减排产品等措施，实现净零碳排放状态的建筑。首批三个碳中和建筑的运行碳排放强度均大幅优于当前公共建筑的平均运行碳排放强度，展示了建筑部门巨大的减碳潜力；而因情施策的中和措施，则在定量评价的基础上，扩宽和丰富了达到零碳排放状态的思路，兼顾了当前对于效果和成本的考量。

2.4.6　总结与展望

作为我国建筑领域第一部面向全国范围的建筑零碳性能评价标准，《碳中和建筑评价导则（第一版）》的发布解决了当前建筑零碳工作缺乏技术依据的问题，约束了简单采用碳减排产品抵消碳排放，忽视了建筑实际碳排放水平，从而逃避自身节能减碳义务的"漂绿"行为，规范了建筑碳排放计算、建筑碳抵消措施应用以及建筑碳排放管理，维护了建筑领域"双碳"行动方案和发展规划工作部署时序的科学性，客观上保护了先行先试高水平碳中和建筑的健康发展环境。目前，基于《碳中和建筑评价导则（第一版）》和实际项目应用情况的《碳中和建筑评价标准》已经启动编制，未来在编制过程中，将更加注重与绿色建筑的结合、与各级建筑主管部门管理要求的融合，充分发挥建筑部门低成本减排优势、现阶段低成本碳减排产品对建筑部门高成本减排部分的替代优势，支撑我国建筑实现高质量碳减排、碳中和。

参考文献

[1] 罗毅."双碳"目标下绿色建筑的发展方向与技术应用研究[J].城市，2022，262（1）：70-79.

[2] 郭振伟，王清勤，孟冲，等.加拿大零碳建筑实践与启示[J/OL].暖通空调：1-10.

[3] 刘乐艺.绿色建筑，擦亮"低碳环保"新名片[N].人民日报海外版，2022-07-26（5）.

[4] 刘晓华，张涛，刘效辰.如何描述建筑在新型电力系统中的基本特征？——现状与展望[J/OL].暖通空调：1-16.

第3章

我国建筑碳排放设计标准和要求

3.1 碳排放计算标准

2014 年，中国工程建设标准化协会发布了《建筑碳排放计量标准》CECS 374：
2014。2019 年，住房和城乡建设部正式批准《建筑碳排放计算标准》GB/T 51366—
2019，厦门市发布了《建筑碳排放核算标准》DB 3502/Z 5053—2019。2021 年，
广东省发布了《建筑碳排放计算导则（试行）》。《建筑碳排放计算标准》GB/T
51366—2019 中明确了建筑物碳排放的定义、计算边界、排放因子以及计算方法等。

以下主要针对国家标准及地方标准分别进行对比，比较其标准整体结构、核算
边界与数据采集、核算方法、可操作性、运行阶段碳排放、设备运行碳排放计算、
废弃物处置、建筑碳汇以及再生材料的要求，如表 3-1 所示。

国家标准和各地碳排放标准对比　　　　　　　　　　　　表 3-1

比较项目	《建筑碳排放计量标准》CECS 374：2014	《建筑碳排放计算标准》GB/T 51366—2019	《建筑碳排放核算标准》DB 3502/Z 5053—2019	广东省《建筑碳排放计算导则（试行）》
标准整体结构	按信息采集方式构建标准整体结构	按生命周期各阶段不同类别构建标准整体结构	以建筑生命周期为顺序，构建标准整体结构	以建筑领域建造、运行和拆除三个阶段进行统计
核算边界与数据采集	独立章节规定数据采集方法	未强调边界与数据采集规范	独立章节规定了边界与采集规范	独立章节规定了边界与采集规范
核算方法	仅进行"决算"	公式计算中未强调"决算"与"预算"的区别	分为"预算"与"决算"	公式计算中三个指标分别给定三种方案
可操作性	仅给出部分能源碳排放因子的缺省值	部分能耗计算参数未给出缺省值	明确各参数的计算方法、数据来源或给出缺省值	明确各参数的核算方法、数据来源或给出缺省值
运行阶段碳排放	考虑了建筑维护碳排放、设备运行碳排放（未分项）	考虑了设备运行碳排放	包括设备运行碳排放、建筑维护碳排放、绿化碳汇	考虑了设备运行碳排放

比较项目	《建筑碳排放计量标准》CECS 374：2014	《建筑碳排放计算标准》GB/T 51366—2019	《建筑碳排放核算标准》DB 3502/Z 5053—2019	广东省《建筑碳排放计算导则（试行）》
设备运行碳排放计算	未对具体设备运行碳排放计算给出规定，仅要求采集计算运行维护阶段碳排放	（1）采用月平均负荷计算方法；（2）共分4大类，不包括电气、动力	（1）暖通空调系统与节能设计相结合，采用逐时动态能耗模拟法；（2）共分为5大类，包含动力、电气	（1）逐时、逐区模拟；（2）强调空调系统、照明系统、动力设备系统
废弃物处置	未考虑	未考虑	从建筑全生命周期、建材的LCA角度考虑了建筑拆除阶段废弃物处置环节碳排放	未考虑
建筑碳汇	仅提出需要采集计算碳汇，未给出可再生能源和绿化碳汇的计算	可再生能源系统供能作为设备运行碳汇计算；未考虑绿化碳汇	可再生能源系统供能作为设备运行碳汇计算；绿化碳汇单独计算	可再生能源系统供能作为设备运行碳汇计算，并考虑绿化碳汇
再生材料	未考虑	按照原生材料碳排放的50%计算	基于生命周期理论和边界规则，按照再生利用实际生产能耗全部计入物化阶段碳排放	未考虑

3.1.1 《建筑碳排放计算标准》GB/T 51366—2019

3.1.1.1 编制背景

为落实"双碳"战略部署，认真执行国家有关节约能源、保护生态环境、应对气候变化的法律、法规，提高能源资源利用率，推动可再生能源利用，降低建筑碳排放，营造良好的建筑室内环境，满足经济社会高质量发展的需要，根据《住房城乡建设部关于印发2014年工程建设标准规范制订修订计划的通知》（建标〔2013〕169号）的要求，贯彻国家有关应对气候变化和节能减排的方针政策，规范建筑碳排放计算方法，节约资源，保护环境，制定了《建筑碳排放计算标准》GB/T 51366—2019。标准编制组经广泛调查研究，认真总结实践经验，参考有关国际标准和国外先进标准，并在广泛征求意见的基础上，编制了本标准。如图3-1所示。

3.1.1.2 适用范围

（1）本标准适用于新建、扩建和改建的民用建筑的运行、建造及拆除、建材生产及运输阶段的碳排放计算。

（2）计算应以单栋建筑或建筑群为计算对象。

（3）建筑碳排放计算方法可用于建筑设计阶段对碳排放量进行计算，或在建筑物建造后对碳排放量进行核算。

（4）建筑物碳排放计算应根据不同需求按阶段进行计算，并可将分段计算结果累计为建筑全生命期碳排放。

（5）碳排放计算应包含《IPCC国家温室气体清单指南》中列出的各类温室气体。

（6）建筑运行、建造及拆除阶段中因电力消耗造成的碳排放计算，应采用由国家相关机构公布的区域电网平均碳排放因子。

图 3-1　《建筑碳排放计算标准》GB/T 51366—2019 发布

（7）建筑碳排放量应按本标准提供的方法和数据进行计算，宜采用基于本标准计算方法和数据开发的建筑碳排放计算软件计算。

3.1.1.3　设计要求

1. 建筑运行阶段

建筑运行阶段碳排放计算范围应包括暖通空调、生活热水、照明及电梯、可再生能源、建筑碳汇系统在建筑运行期间的碳排放量。碳排放计算中采用的建筑设计寿命应与设计文件一致，当设计文件不能提供时，应按 50 年计算。建筑物碳排放的计算范围应为建设工程规划许可证范围内能源消耗产生的碳排放量和可再生能源及碳汇系统的减碳量。

2. 建筑建造及拆除阶段

建筑建造阶段的碳排放应包括完成各分部分项工程施工产生的碳排放和各项措施项目实施过程产生的碳排放。建筑拆除阶段的碳排放应包括人工拆除和使用小型机具机械拆除使用的机械设备消耗的各种能源动力产生的碳排放。建筑建造和拆除阶段碳排放的计算边界应符合下列规定：建造阶段碳排放计算时间边界应从项目开工起至项目竣工验收为止，拆除阶段碳排放计算时间边界应从拆除起至拆除支解并从楼层运出止；建筑施工场地区域内的机械设备、小型机具、临时设施等使用过程中消耗的能源产生的碳排放应计入；现场搅拌的混凝土和砂浆，现场制作的构件和部品，其产生的碳排放应计入；建造阶段使用的办公用房、生活用房和材料库房等临时设施的施工和拆除可不计入。

3. 建材生产及运输阶段

建材碳排放应包含建材生产阶段及运输阶段的碳排放，并应按现行国家标准《环境管理 生命周期评价 原则与框架》GB/T 24040、《环境管理 生命周期评价 要求与指南》GB/T 24044 计算。建材生产及运输阶段碳排放计算应包括建筑主体结构材料、建筑围护结构材料、建筑构件和部品等，纳入计算的主要建筑材料的确定应符合下列规定：所选主要建筑材料的总重量不应低于建筑中所耗建材总重量的95%；当符合上一条要求的规定时，重量比小于 0.1% 的建筑材料可不计算。

3.1.2 《建筑碳排放计量标准》CECS 374：2014

3.1.2.1 编制背景

根据中国工程建设标准化协会《关于印发〈2010 年第二批工程建设协会标准制订、修订计划〉的通知》（建标协字〔2010〕91 号）的要求，由中国建筑设计研究院等单位编制的《建筑碳排放计量标准》，经本协会组织审查，现批准发布，编号为 CECS 374：2014，自 2014 年 12 月 1 日起施行。如图 3-2 所示。

中国工程建设协会标准

建筑碳排放计量标准

Standard for measuring，accounting and reporting of carbon emission from buildings

CECS 374：2014

主编单位：中国建筑设计研究院
批准单位：中国工程建设标准化协会
施行日期：2014年12月1日

中国工程建设标准化协会公告
第176号

关于发布《建筑碳排放计量标准》的公告

根据中国工程建设标准化协会《关于印发<2010年第二批工程建设协会标准制订、修订计划>的通知》(建标协字[2010]91号)的要求，由中国建筑设计研究院等单位编制的《建筑碳排放计量标准》，经本协会组织审查，现批准发布，编号为CECS 374：2014，自2014年12月1日起施行。

本标准的英文版同时出版发行。

中国工程建设标准化协会
二〇一四年七月二十五日

图 3-2 《建筑碳排放计量标准》CECS 374：2014 发布

3.1.2.2 适用范围

本标准适用于新建、改建和扩建建筑以及既有建筑的全生命周期碳排放计量。为规范建筑碳排放数据的采集、核算与发布，做到方法科学、数据可靠、流程清晰、操作简便，制定本标准。针对建筑全生命周期各阶段由于消耗能源、资源和材料所排放的二氧化碳（CO_2）进行计量，《京都议定书》规定的其他温室气体计量也可按本标准执行。

3.1.2.3 设计要求

建筑碳排放计量方法包括清单统计法和信息模型法，应根据建筑的设计建造及运行管理的实际情况进行选择。针对以常规方式设计建造及运行管理的建筑的碳排放计量，宜采用清单统计法；针对以信息模型为载体，进行信息采集、阶段信息传递及信息核算的建筑的碳排放计量，宜采用信息模型法。当不具备单独使用条件时，可结合采用两种方法。

建筑碳排放计量应按下列步骤进行：

（1）界定建筑物的范围和区域；

（2）界定建筑碳排放单元过程；

（3）采集碳排放单元过程的活动水平数据；

（4）采集碳排放单元过程的相关碳排放因子；

（5）按照本标准规定的方法核算建筑碳排放量；

（6）按照规定对外发布计量结果。

3.1.3　广东省《建筑碳排放计算导则（试行）》

3.1.3.1　编制背景

为贯彻国家有关应对气候变化和节能减排的方针政策，助力广东省城乡建设领域碳达峰工作，规范建筑碳排放计算方法，广东省住房和城乡建设厅组织编制了《建筑碳排放计算导则（试行）》，指导建筑碳排放计算。如图 3-3 所示。

建筑碳排放的计算边界，依据不同的参考对象，具有不同的划分和描述，《建筑碳排放计算导则（试行）》按照广东省发展和改革委员会初步划分的建筑领域碳排放计算边界，将建筑碳排放定义为建筑在建造、运行、拆除三个阶段产生的碳排放。其中建筑建造所需的混凝土以及装配式构件生产过程产生的碳排放包含在建造阶段的碳排放中。碳排放来源主要是燃料燃烧释放等。严格来看，通常建筑本体（不包括建筑内的生产生活）直接碳排放量较少，主要为间接碳排放。

若实际工程中需要计算建筑全生命期的碳排放，则建材生产及运输阶段的碳排放可参考国家标准《建筑碳排放计算标准》GB/T 51366—2019 的规定计算。

图 3-3　广东省《建筑碳排放计算导则（试行）》发布

3.1.3.2　适用范围

广东省《建筑碳排放计算导则（试行）》规定的计算边界为"与建筑物建造及拆

除、运行等活动相关的二氧化碳排放的计算范围"，即**广东省需要计算建筑行业碳排放量（图3-4），包括建筑建造阶段、建筑运行阶段、建筑拆除阶段碳排放量和绿化碳汇的减碳量。**

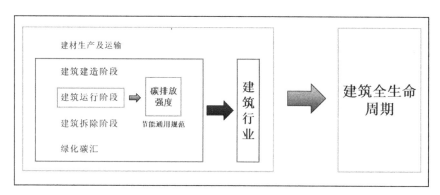

图 3-4　广东省碳排放计算边界及范围

3.1.3.3　设计要求

广东省《建筑碳排放计算导则（试行）》中指标的建立，考虑了以下几个方面的因素：

（1）阶段划分。本导则规定的建筑碳排放可分为建造、运行、拆除几个阶段，碳排放指标应考虑各阶段的碳排放量，从建筑阶段确立相应的核算边界。

（2）领域范畴。建筑碳排放涉及众多的行业领域，如装配式构件主要由制造业完成，施工则涉及建筑业，在建筑使用过程的碳排放则主要是由电力供应引起。因此，建筑碳排放实质是建筑活动造成的多个产业领域内的碳排放总和。

（3）实施管理。低碳指标的确定最终目的是促进建筑领域内碳排放的整体降低，因此必须考虑指标的可执行性，尽量能纳入规划、建筑管理法规政策中。建筑碳排放评价指标，包括总量指标和单位指标（表3-2）。

碳排放评价指标表　　　　　　表 3-2

类型	名称	核算范围
总量指标	TCEB 建筑外延碳排放	$C_{JZ} + C_{CC}$
	TCEU 建筑运行碳排放	C_M
	TCEL 建筑总体碳排放	$C_{JZ} + C_M + C_{CC} + C_P$
单位指标	ICEA 单位面积碳排放	$TCEL/AREA$
	ICEB 单位面积碳排放	$[C_M（考核年度）- C_P（考核年度）]/AREA$

3.1.4　厦门市《建筑碳排放核算标准》DB3502/Z 5053—2019

3.1.4.1　编制背景

根据厦门市建设局《关于发布厦门市 2018 年度科学技术项目（工程建设标准）立项计划的通知》（厦建总〔2018〕71 号）的要求，由福建省建筑科学研究院有限责任公司会同有关单位，在总结厦门市建筑碳排放相关实践经验和研究成果，借鉴国内外先进经验，结合厦门市气候和地域特点，广泛征求意见的基础上编制了本标准。如图 3-5 所示。

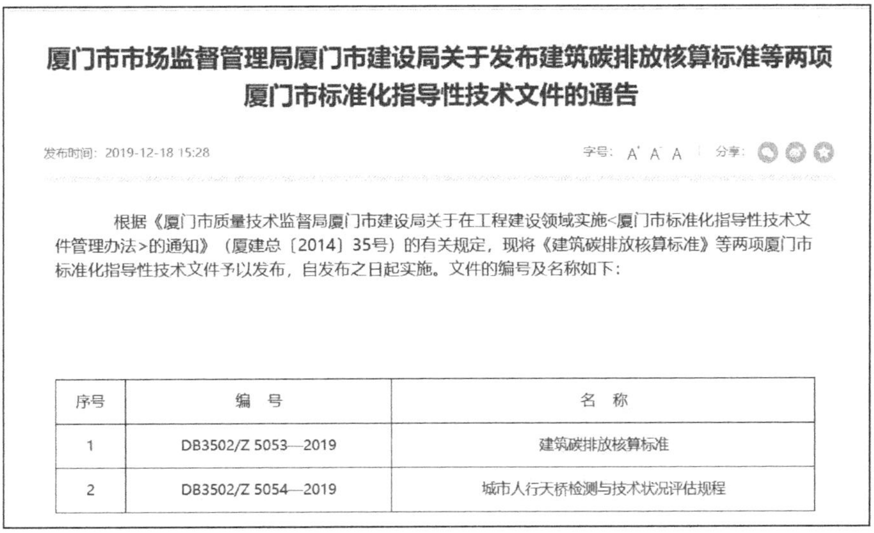

厦门市市场监督管理局厦门市建设局关于发布建筑碳排放核算标准等两项厦门市标准化指导性技术文件的通告

发布时间：2019-12-18 15:28　　字号：A A A　分享：

根据《厦门市质量技术监督局厦门市建设局关于在工程建设领域实施<厦门市标准化指导性技术文件管理办法>的通知》（厦建总〔2014〕35号）的有关规定，现将《建筑碳排放核算标准》等两项厦门市标准化指导性技术文件予以发布，自发布之日起实施。文件的编号及名称如下：

序号	编　号	名　称
1	DB3502/Z 5053—2019	建筑碳排放核算标准
2	DB3502/Z 5054—2019	城市人行天桥检测与技术状况评估规程

图 3-5 《建筑碳排放核算标准》DB3502/Z 5053—2019

3.1.4.2　适用范围

本标准适用于厦门市新建、改建、扩建以及既有建筑生命周期及其各阶段碳排放核算。建筑物碳排放核算应以单栋建筑、建筑群为计算对象，以碳排放单元过程为基本单位进行数据采集与核算。建筑碳排放核算可针对建筑全生命周期进行，亦可针对建筑在建筑物化阶段、建筑运行阶段、建筑拆解阶段中的某一个环节进行。

本标准从确认核算流程、核算边界与数据采集，强调物化阶段、运行阶段以及建筑拆除阶段碳排放的整体核算，最终确定数据发布。

3.1.4.3　设计要求

本标准采用 LCA 生命周期理论，覆盖建筑物化、运行和拆除阶段的能源和资源流向以及环境排放。

（1）总体要求：强化边界管理。边界条件是控制核算结果有确定解的前提。边界条件的处理，直接影响了计算结果的精度。一方面避免重复计算，另一方面避免遗漏。

（2）基本原则：普遍适用，可操作性强。普遍适用于工业与民用建筑的碳排放预算决算，灵活的指标配置，碳排放因子和计算缺省值的种类及数量均覆盖更全面。

（3）基本结构：确定了"阶段 – 环节 – 排放单元"三级架构。标准结构、建筑过程、碳排放核算程序三者时间序列一致，构建了结构层级单元清晰的全过程流程结构，更便于学习使用。

3.2 各地碳排放设计审查及限额要求

根据《建筑节能与可再生能源利用通用规范》GB 55015—2021 的要求，项目可行性研究、建设项目可行性研究报告、建设方案和初步设计文件均需要进行碳排放计算并提交碳排放计算书。目前新疆维吾尔自治区住房和城乡建设厅在《关于进一步加强建筑全寿命周期碳排放管控工作的通知》（新建科函〔2021〕25 号）文件中要求，建筑设计单位在进行工程设计时需计算建筑全生命周期碳排放，并在施工图审查合格证书中予以注明。深圳市福田区住房和建设局提出加强碳排放计算的有关通知。其他各省市，如北京、上海、河南、陕西、内蒙古等地逐步把碳排放计算纳入施工图审查要求中，如表 3-3 所示。

标准工况下，各地不同类型建筑碳排放水平　　　　表 3-3

地理划分	全国及省份	建筑碳排放水平	来源
全国		公居建筑：在 2016 年执行的节能设计标准的基础上平均降低 40%；碳排放强度平均降低 7kgCO₂/（m²·a）以上	《建筑碳排放计算标准》GB/T 51366—2019
华北	北京市	户型面积≤ 60m²，≤ 27kgCO₂/（m²·a）；户型面积＞ 60m²，≤ 23kgCO₂/（m²·a）	《超低能耗居住建筑设计标准》DB11/T 1665—2019
西北	陕西省	居住建筑：在 2016 年执行的节能设计标准的基础上平均降低 40%，碳排放强度平均降低 6.8kgCO₂/（m²·a）以上	《陕西省居住建筑节能设计标准》DBJ 61/65—2022

3.2.1 华北地区

华北地区主要包括北京市、河北省、内蒙古自治区及山西省，以下为各省市对执行通用规范的要求。

3.2.1.1 北京市

2020 年 4 月 1 日，北京市规划和自然资源委员会发布《超低能耗居住建设计标准》DB11/T 1665—2019，要求面积小于或等于 60m² 的居住建筑碳排放强度应小于 27kgCO₂/（m²·a），面积大于 60m² 的居住建筑碳排放强度应小于 23kgCO₂/（m²·a），如图 3-6 所示。

3.2.1.2 河北省

2022 年 3 月 1 日，河北省住房和城乡建设厅发布《关于印发 2022 年全省建筑

6.0.2 建筑总能耗综合值和使用阶段碳排放强度宜满足表 6.0.2 的规定。碳排放强度额计算应符合附录 D 的规定。

表 6.0.2 建筑总能耗综合值和使用阶段碳排放强度

类型	$A_A \leqslant 60m^2$	$60m^2 < A_A \leqslant 135m^2$	$A_A > 135m^2$
建筑总能耗综合值 [kWh/（户·a）]	$\leqslant 88 \times A_A - 220$	$\leqslant 78 \times A_A - 400$	$\leqslant 42 \times A_A + 4460$
碳排放强度 [kgCO₂e/（m²·a）]	$\leqslant 27$	$\leqslant 23$	

注：A_A 为户均建筑面积，m^2；碳排放强度指标分母中的 m^2 为套内使用面积。

图 3-6 《超低能耗居住建筑设计标准》DB11/T 1665—2019

节能与科技工作要点的通知》，2022 年重点任务之一是推进建筑绿色低碳发展，**要求全面执行《建筑节能与可再生能源利用通用规范》GB 55015—2021**，将城镇公共建筑节能标准由 65% 提升至 72%。因地制宜推进太阳能、地热能等可再生能源建筑应用。如图 3-7 所示。

图 3-7 河北省关于执行《建筑节能与可再生能源利用通用规范》GB 55015—2021 的发文

3.2.2 东北地区

东北地区主要包括黑龙江省、吉林省及辽宁省，以下为各省市对执行碳排放设计审查及限额的要求。

3.2.2.1 辽宁省

辽宁省地方标准《绿色建筑评价标准》DB21/T 2017—2022 中明确支持，**对于申请绿色金融服务的建筑项目，应对节能措施、节水措施、建筑能耗和碳排放等进行计算和说明，并应形成专项报告**。其中建筑碳排放计算应包括建材生产及运输阶段碳排放量、建造及拆除阶段碳排放量和建筑运行阶段碳排放量。如图 3-8 所示。

3.2.2.2 黑龙江省

《黑龙江省超低能耗居住建筑节能设计标准》DB23/T 3337—2022 中要求，超低能耗居住建筑的围护结构热工性能权衡判断要进行供暖年耗热量、年一次能源消耗量及建筑运行阶段的碳排放量计算。**重点提出**，超低能耗居住建筑设计应提供建筑能耗计算报告、建筑碳排放计算报告和可再生能源利用报告。如图 3-9 所示。

辽宁省住房和城乡建设厅关于发布辽宁省地方标准《绿色建筑评价标准》的公告

发布时间：2022年05月12日 发布人： 来源： 【字体：大 中 小】 打印

辽住建科〔2022〕14号

辽宁省住房和城乡建设厅关于发布辽宁省地方标准《绿色建筑评价标准》的公告

由辽宁省建设科学研究院有限责任公司、辽宁省城乡建设事业指导服务中心会同有关单位制定的《绿色建筑评价标准》，业经审定，批准为辽宁省地方标准，编号为DB21/T 2017-2022，现予以发布，自2022年5月20日起实施。

本标准由辽宁省住房和城乡建设厅负责管理，辽宁省建设科学研究院有限责任公司负责解释。

辽宁省住房和城乡建设厅

2022年5月10日

（此件主动公开）

图 3-8 辽宁省《绿色建筑评价标准》DB21/T 2017—2022 发布

11.4 建筑碳排放计算

11.4.1 建筑物碳排放的计算范围应为建设工程规划许可证范围内建筑运行阶段的碳排放量。

11.4.2 建筑运行阶段的碳排放量应满足下列要求：

——建筑运行阶段碳排放计算范围应包括暖通空调、生活热水、照明及电梯、可再生能源、建筑碳汇系统在建筑运行期间的碳排放量；

——建筑运行阶段碳排放量应根据各系统不同类型能源消耗量和不同类型能源的碳排放因子确定，建筑运行阶段单位建筑面积的总碳排放量应按以下公式计算；

$$C_{\mathrm{M}}=\frac{\left[\sum_{i=1}^{n} E_i \cdot EF_i - C_{\mathrm{p}}\right]\cdot y}{A_0}$$

$$E_i=\sum_{i=1}^{n}(E_{i,j}-ER_{i,j})$$

式中：

C_M一建筑运行阶段单位建筑面积碳排放量($kgCO_2/m^2$)

i一建筑消耗终端能源类型，包括电力、燃气、石油、市政热力等；.

E_i一建筑第 i类能源年消耗量(单位/a)；

EF_i一第 i类能源的碳排放因子，不同类型能源的碳排放因子按照 GB/T 51366 规定计算：

C_p一建筑绿地碳汇 系统年减碳量($kgC0_2$)；

y一建筑设计寿命；

A_o一建筑面积(m)，按照标准中附录 E 的规定计算确定；

j一建 筑用能系统类型，包括暖通空调、照明、生活热水系统等；

Ey_{ij}一j类系统的第 i类能源年消耗量(单位/a)；

ER_{ij}一j类系统消耗由可再生能源系统提供的第 i 类能源量(单位/a)。

图 3-9 《黑龙江省超低能耗居住建筑节能设计标准》DB23/T 3337—2022

3.2.3 华东地区

华东地区主要包括安徽省、福建省、江苏省、浙江省、上海市及山东省，以下为江苏省对执行通用规范的要求。

2022 年，江苏省住房和城乡建设厅发布《关于组织申报 2022 年度江苏省绿色建筑发展专项资金项目的通知》。**高品质绿色建筑示范，要求符合绿色建筑三星级标准，同时碳排放强度原则上比同类建筑低 15% 以上。**如图 3-10 所示。

二、绿色建筑品质提升项目

新建建筑应按照绿色低碳发展理念设计建造，在高品质绿色建筑、超低能耗/近零能耗建筑、新型建筑工业化、可再生能源建筑应用等方面开展示范。

（一）高品质绿色建筑示范

1. 绿色设计方面，全面落实"适用、经济、绿色、美观"的建筑方针，布局合理、功能适用，体现地域特色和时代特征。优先支持实施建筑师负责制、全过程工程咨询、设计单位牵头的工程总承包项目。

2. 技术应用方面，符合因地制宜、被动优先、主动优化的技术应用理念，技术选用科学合理，综合集成创新度高，设备设施与建筑融合度好，在绿色建造、BIM技术应用等方面创新性强，示范推广应用价值强。

3. 性能指标方面，绿色低碳性能指标先进，绿色节能性能指标、环境控制指标先进，符合绿色建筑三星级标准，碳排放强度原则上比同类建筑低15%以上。优先支持达到近零能耗建筑以上标准的项目。

4. 绿色运营方面，制定绿色运营管理方案，开展建筑运行调适和效果评估。建设数字化建筑运行管控平台，实时展示建筑能耗、水耗、室内空气品质等数据。

图 3-10　江苏省关于高品质建筑中三星级标准碳排放要求

2022 年 4 月 6 日，南京市建设工程施工图设计审查管理中心发布《关于执行 GB 55015—2021 第 2.0.3 条的相关要求》，通知中指出为统一施工图审查尺度，**自 4 月 1 日起报审的项目，建筑专业审查专家应关注本专业施工图绿建专篇中是否涵盖规范第 2.0.3 条的相关内容**。如图 3-11 所示。

南京市图审中心统一技术措施

编号：2022-006

关于执行 GB 55015-2021 第 2.0.3 条的相关要求

各位审查专家：

国家标准《建筑节能与可再生能源利用通用规范》GB 55015-2021 自 2022 年 4 月 1 日起实施。为统一中心施工图审查尺度，自 4 月 1 日起报审的项目，建筑专业审查专家应关注本专业施工图绿建专篇中是否涵盖规范第 2.0.3 条的相关内容。

如后续上级主管部门另有规定，中心会及时通知。

请各位审查专家知悉。

南京市建设工程施工图设计审查管理中心

2022 年 4 月 6 日

管理类□　技术类☑

（建筑☑ 结构□ 水□ 电□ 暖□ 勘察□ 基坑□ 绿建☑ 消防□ 人防□ 幕墙□ 装饰□ 市政□）

— 1 —

图 3-11　南京市《关于执行 GB 55015—2021 第 2.0.3 条的相关要求》发文通知

3.2.4　华南地区

华南地区各省市对执行通用规范的要求主要包括广东省、海南省。

3.2.4.1　广东省

2022 年 7 月 22 日，深圳市福田区住房和建设局发布《深圳市福田区住房和建设局关于明确建筑领域绿色低碳有关政策法规和技术标准执行要求的通知》，要求：2022 年 4 月 1 日后取得建设工程规划许可证的新建、改扩建项目，或无须办理建设工程规划许可证的涉及围护结构、机电系统改造的装饰装修类项目，必须严格执行国家标准《建筑节能与可再生能源利用通用规范》GB 55015—2021。当标准具体条文存在国家标准与深圳市现行地方标准不一致时，从严执行。

深圳福田区住房和建设局要求新建建筑应严格执行建筑节能和绿色建筑相关标准，并参照《建筑碳排放计算标准》GB/T 51366—2019 进行全生命周期建筑碳排放计算。如图 3-12 所示。

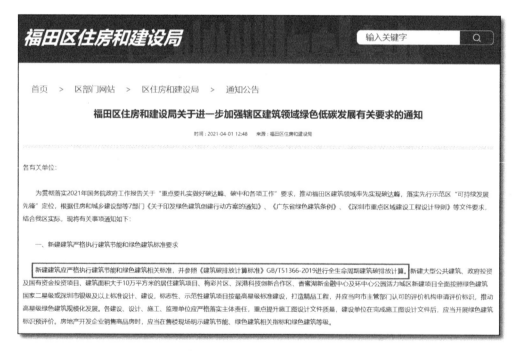

图 3-12　深圳市福田区关于提交全生命周期碳排放报告书

3.2.4.2　海南省

2022 年以来，海南省江东新区处于高新技术发展经济区，在规划给定的控制性地标经济性指标中对低碳要求严格把控，控制其地块每五年的能耗限额和单位面积碳排放限额。如图 3-13 所示。

控制性指标																			
危废与生活垃圾及(无害化)收集处理率(%)	污水收集处理率(%)	年径流总量控制率(%)	功能区噪声达标率(%)	土壤环境质量达标率(%)	单位建筑面积能耗限额(kgce/m².a)	地块总能耗限额(tce/a)	2021-2025年单位建筑面积碳排放限额(kgCO₂/m².a)	2021-2025年地块碳排放限额(吨CO₂/a)	2026-2030年单位建筑面积碳排放限额(kgCO₂/m².a)	2026-2030年地块碳排放限额(吨CO₂/a)	2031-2035年单位建筑面积碳排放限额(kgCO₂/m².a)	2031-2035年地块碳排放限额(吨CO₂/a)	超低能耗建筑	建筑装配率(%)	绿色建筑星级	屋顶光伏覆盖率(%)	露天车位光伏充电桩设置率(%)	地上停车位充电桩设置率(%)	地上停车位充电桩快慢充比例
100	100	≥75	100	100	≤5	≤840	≤5	≤840	≤5	≤840	≤3	≤510	—	≥50	20%不低于二星级	≥30	100	100	≥1:7

图 3-13 海南省江东新区关于生态低碳指标要求

3.2.5 华中地区

华中地区各省市对执行通用规范的要求主要包括河南省、湖南省及湖北省。

3.2.5.1 河南省

河南省第十三届人民代表大会常务委员会第二十九次会议于 2021 年 12 月 28 日审议通过《河南省绿色建筑条例》，自 2022 年 3 月 1 日起施行。**建设单位在可行性研究报告或者项目申请报告中，应当包含建筑能耗、可再生能源利用及建筑碳排放分析报告，并明确绿色建筑等级和标准要求**；在进行建设项目咨询、设计、施工、监理的招标或者委托时，应当向相关单位明示建筑工程的绿色建筑等级及标准要求，并组织实施；应当加强对绿色建筑建设全过程的质量管理，承担项目绿色建筑实施首要责任。河南省关于执行《建筑节能与可再生能源利用通用规范》第 2.0.3 条的通知如图 3-14 所示。

> **第十二条** 按照绿色建筑发展专项规划等相关规划，需要进行绿色建筑建设或者改造的建设、设计、施工、施工图设计文件审查、监理等单位，应当按照绿色建筑等级和标准的要求实施。
>
> **第十三条** 建设单位在可行性研究报告或者项目申请报告中，应当包含建筑能耗、可再生能源利用及建筑碳排放分析报告，并明确绿色建筑等级和标准要求；在进行建设项目咨询、设

图 3-14 河南省关于执行《建筑节能与可再生能源利用通用规范》第 2.0.3 条的通知

1. 洛阳市

2022 年 3 月 27 日，《洛阳市住房和城乡建设局关于贯彻执行〈建筑节能与可再生能源利用通用规范〉的通知》中，**2022 年 4 月 1 日（含）之后提交审查的施工图文件**，设计单位应严格按照《节能规范》进行设计，**在建筑节能设计专篇中应增加**建筑能耗、可再生能源利用及**建筑碳排放的分析报告**、建筑节能措施及可再生

能源利用系统运行管理的技术要求。在文件附件 2 的《建筑节能、绿色建筑和装配式建筑设计审查信息表》中，需填写建筑碳排放量。如图 3-15 所示。

（二）设计单位承担建筑节能工程质量设计主要责任。应严格按照《节能规范》进行设计，在建筑节能设计专篇中应增加建筑能耗、可再生能源利用及建筑碳排放的分析报告、建筑节能措施及可再生能源利用系统运行管理的技术要求。严格按照相关标准和政策设计选用外墙保温系统、节能门窗和可再生能源应用

图 3-15　河南省洛阳市关于提交碳排放报告书的通知

2. 三门峡市

2022 年 2 月 10 日，三门峡市住房和城乡建设局发布的《关于进一步明确我市新建民用建筑节能标准的通知》中，要求根据《建筑节能与可再生能源利用通用规范》GB 55015—2021 标准要求，结合本市实际，自 2022 年 4 月 1 日起，三门峡市城市规划区（包括湖滨区、陕州区、开发区、城乡一体化示范区）和各县（市）城区范围内，**建设项目的建设方案和初步设计文件应包含建筑能耗、可再生能源利用及建筑碳排放分析报告。据调研，部分审图要求提供碳排放专篇。**如图 3-16 所示。

各县（市、区）住房和城乡建设主管部门、各相关建筑业企业：

为落实国家有关节约能源、保护生态环境、应对气候变化的法律法规和碳达峰、碳中和决策部署。推动可再生能源利用，降低建筑碳排放，营造良好的建筑室内环境，满足建筑业高质量发展需要。根据《建筑节能与可再生能源利用通用规范》（GB 55015-2021）标准要求，结合我市实际，自2022年4月1日起，三门峡市城市规划区（包括湖滨区、陕州区、开发区、城乡一体化示范区）和各县（市）城区范围内：

一、新建居住建筑节能率应不低于75%，新建公共建筑节能率应不低于72%；

二、建设项目的建设方案和初步设计文件应包含建筑能耗、可再生能源利用及建筑碳排放分析报告

三、外墙保温工程应采用成套技术，并应具备同一供应商提供配套的组成材料和型式检验报告；

四、新建建筑均应安装太阳能系统，根据实际需求和适用条件，为建筑物供电、供生活热水、供暖或（及）

图 3-16　河南省三门峡市关于提交碳排放报告书的通知

3.2.5.2　湖北省

2022 年 4 月 24 日，湖北省住房和城乡建设厅发布《关于实施〈建筑节能与可再生能源利用通用规范〉和〈低能耗居住建筑节能设计标准〉的通知》，要求：公共建筑、居住建筑和设置供暖空调系统工业建筑项目应按照《建筑节能与可再生能源利用通用规范》GB 55015—2021 要求，在可行性研究报告、建设方案和初步设计文件中，对建筑能耗、可再生能源利用及建筑碳排放进行分析，并出具专题报告。**在施工图设计文件中，应明确建筑节能措施及可再生能源利用系统运行管理的技术要求。**如图 3-17 所示。

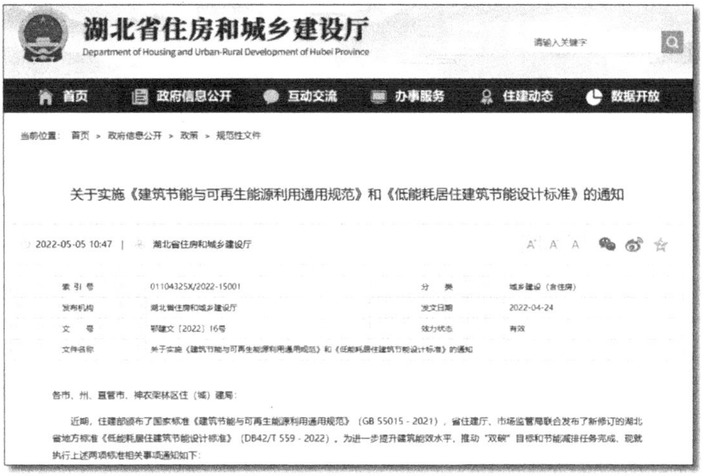

湖北省住房和城乡建设厅
Department of Housing and Urban-Rural Development of Hubei Province
请输入关键字

首页　政府信息公开　互动交流　办事服务　住建动态　数据开放

当前位置：首页 > 政府信息公开 > 政策 > 规范性文件

关于实施《建筑节能与可再生能源利用通用规范》和《低能耗居住建筑节能设计标准》的通知

2022-05-05 10:47 | 湖北省住房和城乡建设厅

索 引 号	01104325X/2022-15001	分　类	城乡建设（含住房）
发布机构	湖北省住房和城乡建设厅	发文日期	2022-04-24
文　号	鄂建文〔2022〕16号	效力状态	有效
文件名称	关于实施《建筑节能与可再生能源利用通用规范》和《低能耗居住建筑节能设计标准》的通知		

各市、州、直管市、神农架林区住（城）建局：

近期，住建部颁布了国家标准《建筑节能与可再生能源利用通用规范》（GB 55015 - 2021），省住建厅、市场监管局联合发布了新修订的湖北省地方标准《低能耗居住建筑节能设计标准》（DB42/T 559 - 2022）。为进一步提升建筑能效水平，推动“双碳”目标和节能减排任务完成，现就执行上述两项标准相关事项通知如下：

图 3-17　湖北省关于执行《建筑节能与可再生能源利用通用规范》及《低能耗居住建筑节能设计标准》的要求

2022 年 3 月 3 日，武汉市城乡建设局发布《关于贯彻执行〈建筑节能与可再生能源利用通用规范〉的通知》要求：建设单位承担建筑节能工程质量首要责任。应严格督促设计、图审、施工、监理、检测执行《建筑节能与可再生能源利用通用规范》GB 55015—2021 的各项设计要求。**在可行性研究报告、建设方案和初步设计文件中应包含建筑能耗、可再生能源利用及建筑碳排放的分析报告**。不得要求或暗自要求设计、施工单位降低节能设计规范，项目竣工后应严格按照《建筑节能与可再生能源利用通用规范》GB 55015—2021 组织设计、施工、监理以及各专业承包单位按照设计内容进行验收，并按照主管部门发布文件附表填写（图 3-18）。

附件 3

公共建筑节能设计审查信息表

项目所在区：　　　　公共建筑分类：甲类□　乙类□

建设单位名称			设计单位名称			
建设项目名称			建筑单体名称			
建设项目地址			建筑面积（m²）		高 度(m)	
建设单位联系人	联系电话		结构类型		层 数	
工程类型	政府投资工程□　房开项目□					
绿色建筑等级	基本级□　一星级□ 二星级□　三星级□	建筑能耗综合值＿＿＿[kWh/(m²·a)] 碳排放强度＿＿＿[kgCO₂/(m²·a)]	装配式建筑	钢结构□　混凝土结构□　木结构□ 其他＿＿＿　否□		
采用的可再生能源技术	太阳能热水系统□　地源热泵系统□　空气源热水系统□ 余热回收系统□　太阳能光伏系统□　其他＿＿＿		应用面积（m²）			
			装机容量（MW）	（当采用太阳能光伏系统时填）		

施工图设计执行现行公共建筑节能设计标准及相关规定等情况	项目			传热系数 K 标准限值[W/(m²·K)]		传热系数 K 设计值[W/(m²·K)]		
	外围护结构部位（甲类）	屋面		≤0.40				
		外墙（包括非透光墙）	围护结构热惰性指标 D≤2.5	≤0.60				
			围护结构热惰性指标 D>2.5	≤0.80				
		底面接触室外空气的架空或外挑楼板		≤0.70				
		单一立面外窗（包括透光幕墙）	单一立面外窗（包括透光幕墙）窗墙比	传热系数 K 标准限值[W/(m²·K)]	太阳得热系数 SHGC 限值（东、南、西向/北向）	传热系数 K 设计值[W/(m²·K)]	太阳得热系数 SHGC 设计值（东、南、西向/北向）	遮阳措施
			窗墙面积比≤0.20	≤3.00	≤0.45		示例：设计值（朝向）；设计值（朝向）	
			0.20<窗墙面积比≤0.30	≤2.60	≤0.40/0.45			

图 3-18　公共建筑节能设计审查信息表

3.2.6 西北地区

西北地区各省市对执行通用规范的要求主要包括甘肃省、陕西省及新疆维吾尔自治区。

3.2.6.1 新疆维吾尔自治区

2021年9月26日，新疆维吾尔自治区住房和城乡建设厅发布《关于进一步加强建筑全寿命周期碳排放管控工作的通知》（新建科函〔2021〕25号）（图3-19），文件要求：

（1）自2022年1月1日起，建筑设计单位在进行工程设计时，要根据《建筑碳排放计算标准》GB/T 51366—2019，设计建材生产及运输阶段、建造阶段、运行阶段、拆除阶段的碳排放量专篇。

（2）工程建设各方主体要切实履行责任，**确保全面执行《建筑碳排放计算标准》GB/T 51366—2019。建筑设计单位应根据《建筑碳排放计算标准》GB/T 51366—2019编制建筑碳排放量专篇及有关碳排放量计算书；施工图审查机构应严格按照《建筑碳排放计算标准》GB/T 51366—2019要求对设计的碳排放量进行核查，并在审查合格证书中予以注明；建设单位和施工单位在组织项目实施时，应严格对项目每个环节的碳排放量进行控制和核算，并达到标准要求。**

图3-19　新疆维吾尔自治区关于碳排放设计发文通知

3.2.6.2 甘肃省

2022年4月2日，甘肃省住房和城乡建设厅发布《甘肃省住房和城乡建设厅关于加强建筑节能、绿色建筑和装配式建筑工作的通知》（甘建科〔2022〕78号），认真贯彻执行建筑节能有关法律法规及《建筑节能与可再生能源利用通用规范》GB 55015—2021、《严寒和寒冷地区居住建筑节能（75%）设计标准》

DB62/T3151—2018 等规范标准，新建建筑全面执行建筑节能强制性标准，重点提高建筑门窗、外墙保温等关键部位部品节能性能，加强设计、审图、施工、检测、监理、竣工验收等环节节能质量管理，鼓励执行更高标准的超低能耗建筑、近零能耗建筑标准。开展超低能耗建筑、近零能耗建筑建设示范，探索发展零碳建筑。如图 3-20 所示。

图 3-20　甘肃省关于加强建筑节能、绿色建筑和装配式工作的通知

3.2.6.3　陕西省

2022 年，陕西省住房和城乡建设厅联合陕西省市场监管局发布的《居住建筑节能设计标准》DB61/T 5033—2022 中提到，**新建的居住建筑碳排放强度应在 2016 年执行的节能设计标准的基础上平均降低 40%，碳排放强度平均降低 6.8kgCO_2/（m^2·a）以上。**如图 3-21 所示。

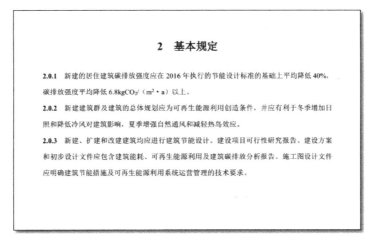

图 3-21　陕西省新建居住建筑碳排放强度要求

3.2.7 西南地区

西南地区各省市对执行通用规范的要求主要包括贵州省、四川省及重庆市。

3.2.7.1 贵州省

2022 年 1 月 29 日，贵州省住房和城乡建设厅发布《关于转发〈住房和城乡建设部关于发布国家标准 < 建筑节能与可再生能源利用通用规范 > 的公告〉的通知》，要求新建、扩建和改建建筑以及既有建筑节能改造均应进行建筑节能设计。**建设项目可行性研究报告、建设方案和初步设计文件应包含建筑能耗、可再生能源利用及建筑碳排放分析报告。**施工图设计文件应明确建筑节能措施及可再生能源利用系统运营管理的技术要求。如图 3-22 所示。

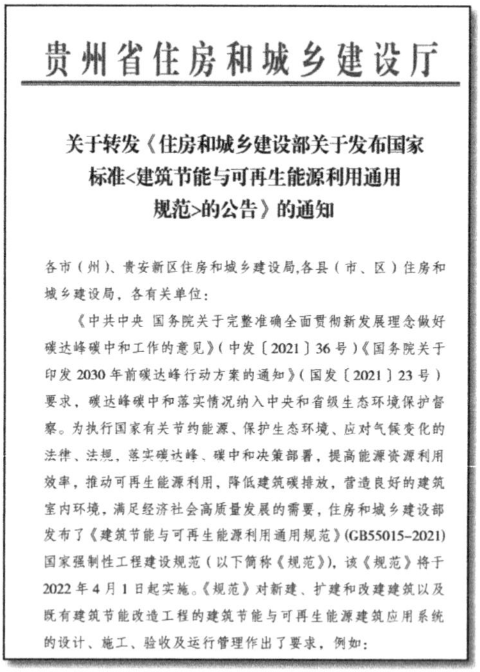

贵州省住房和城乡建设厅

关于转发《住房和城乡建设部关于发布国家标准<建筑节能与可再生能源利用通用规范>的公告》的通知

各市（州）、贵安新区住房和城乡建设局,各县（市、区）住房和城乡建设局，各有关单位：

《中共中央 国务院关于完整准确全面贯彻新发展理念做好碳达峰碳中和工作的意见》（中发〔2021〕36 号）《国务院关于印发 2030 年前碳达峰行动方案的通知》（国发〔2021〕23 号）要求，碳达峰碳中和落实情况纳入中央和省级生态环境保护督察。为执行国家有关节约能源、保护生态环境、应对气候变化的法律、法规，落实碳达峰、碳中和决策部署，提高能源资源利用效率，推动可再生能源利用，降低建筑碳排放，营造良好的建筑室内环境，满足经济社会高质量发展的需要，住房和城乡建设部发布了《建筑节能与可再生能源利用通用规范》(GB55015-2021) 国家强制性工程建设规范（以下简称《规范》），该《规范》将于 2022 年 4 月 1 日起实施。《规范》对新建、扩建和改建建筑以及既有建筑节能改造工程的建筑节能与可再生能源建筑应用系统的设计、施工、验收及运行管理作出了要求，例如：

图 3-22 贵州省关于执行《建筑节能与可再生能源利用通用规范》GB 55015—2021 的通知

3.2.7.2 四川省

2022 年 5 月 11 日，四川省住房和城乡建设厅发布《四川省住房和城乡建设厅关于加强建筑节能设计质量管理的通知》，各市（州）住房城乡建设行政主管部门要加强建筑节能标准宣贯和执行情况检查力度，**督促相关单位严格执行《建筑节能与可再生能源利用通用规范》GB 55015—2021 等现行建筑节能标准**，加大标准执行情况检查力度，对不符合民用建筑节能强制性标准的建设工程，依法不得颁发施工许可证。落实建筑节能专项审查制度，督促施工图审查机构严格落实建筑节能施工图设计文件专项审查制度，填写《施工图审查意见表（建筑节能专篇）》，对建筑节能专篇审查不合格的，不得出具施工图审查合格书。**在《施工图审查意见表（建筑节能专篇）》中需要对碳排放对比强度进行审查。**如图 3-23 所示。

四川省住房和城乡建设厅
SI CHUAN SHENG ZHU FANG HE CHENG XIANG JIAN SHE TING
首页　政府信息公开　政务服务　互动交流　专题专栏　数据服务
当前位置：首页 > 政府信息公开 > 政策文件 > 文件通知
索引号：　主题分类：　发布机构：
文号：川建勘设科函〔2022〕1350号　关键词：

四川省住房和城乡建设厅关于加强建筑节能设计质量管理的通知

发布时间：2022-05-11　来源：　浏览：1243次　【字体：大 中 小】　打印　分享到：

各市（州）住房城乡建设行政主管部门，各有关单位：

为加强我省建筑节能设计质量管理，提升建筑节能发展水平，根据《民用建筑节能条例》（国务院令第530号）、《四川省民用建筑节能管理办法》（省政府令第215号）相关要求，现就有关事项通知如下：

一、严格执行建筑节能标准。各市（州）住房城乡建设行政主管部门要加强建筑节能标准宣贯和执行情况检查力度，督促相关单位严格执行《建筑节能与可再生能源利用通用规范》（GB55015-2021）等现行建筑节能标准，加大标准执行情况检查力度，对不符合民用建筑节能强制性标准的建设工程，依法不得颁发施工许可证。

二、规范建筑节能设计。各市（州）住房城乡建设行政主管部门要督促设计单位，根据建设工程设计实际情况，认真梳理建筑节能设计措施，填写《四川省建筑节能设计信息汇总表（试行）》（详见附件1），作为本项目施工图设计文件组成部分。

三、落实建筑节能专项审查制度。各市（州）住房城乡建设行政主管部门要执行建筑节能监管职责，督促施工图审查机构严格落实建筑节能施工图设计文件专项审查制度，填写《施工图审查意见表（建筑节能专篇）》（详见附件2），对建筑节能专篇审查不合格的，不得出具施工图审查合格书。

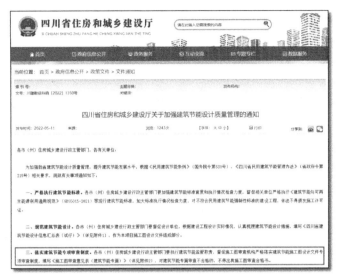

图 3-23　四川省碳排放审查要求

2021 年 11 月 25 日，成都市住房和城乡建设局发布《成都市绿色建筑施工图设计与审查技术要点（2021 版）》，自 2022 年 4 月 1 日起，成都市新建民用建筑及工业建筑（含执行自身承诺制的建筑）绿色施工图设计与审查，改建、扩建项目参照执行。**成都市绿色建筑设计专项论证报告申报一览表（民用建筑）要求自 2022 年 4 月 1 日起必须提供建筑固有阶段的碳排放计算分析报告，即建材生产及运输阶段碳排放。**如图 3-24 所示。

附表 4-1　成都市绿色建筑设计专项论证报告申报一览表（民用建筑）

项目名称		建设单位		设计单位	
建筑类型	居住建筑□　公共建筑□　居住+公建□	星级目标	基本级□　一星级□　二星级□　三星级□	建筑面积	
序号	报告名称	备注	专业	条文号	是否提供
1	室内污染物浓度预评估报告	对应条款需要时必须提供	建筑与建筑物理	3.1.1.9	是□　否□
			暖通空调	3.4.1.11	是□　否□
		对应条款得分时提供	暖通空调	3.4.2.1	是□　否□
			“绿建+健康”	3.7.1.1	是□　否□
2	装饰性构件造价比例计算书	必须提供	建筑与建筑物理	3.1.1.16	是□　否□
3	室内背景噪声分析报告	必须提供	建筑与建筑物理	3.1.1.24	是□　否□
		对应条款得分时提供	建筑与建筑物理	3.1.2.22	是□　否□
4	主要构件隔声性能分析报告	必须提供	建筑与建筑物理	3.1.1.24	是□　否□
		对应条款得分时提供	建筑与建筑物理	3.1.2.23	是□　否□
			“绿建+健康”	3.7.1.10	是□　否□
5	围护结构防潮、隔热性能计算书	必须提供	建筑与建筑物理	3.1.1.25	是□　否□
6	场地热环境计算报告	对应条款需要时必须提供	建筑与建筑物理	3.1.1.26	是□　否□
			景观	3.6.1.2	是□　否□
7	建筑碳排放计算分析报告	自 2022 年 4 月 1 日起必须提供	建筑与建筑物理	3.1.1.27	是□　否□
		对应条款得分时提供	建筑与建筑物理	3.1.3.4	是□　否□
8	可调节外遮阳比例计算书	对应条款得分时提供	建筑与建筑物理	3.1.2.8	是□　否□
9	公共交通布局示意图	对应条款得分时提供	建筑与建筑物理	3.1.2.9	是□　否□
10	工业化内装部品用量比例计算书	对应条款得分时提供	建筑与建筑物理	3.1.2.18	是□　否□
11	可再循环材料和可再利用材料、利废建材用量比例计算书	对应条款得分时提供	建筑与建筑物理	3.1.2.19	是□　否□
12	绿色建材设计应用比例计算书	对应条款得分时提供	建筑与建筑物理	3.1.2.20	是□　否□

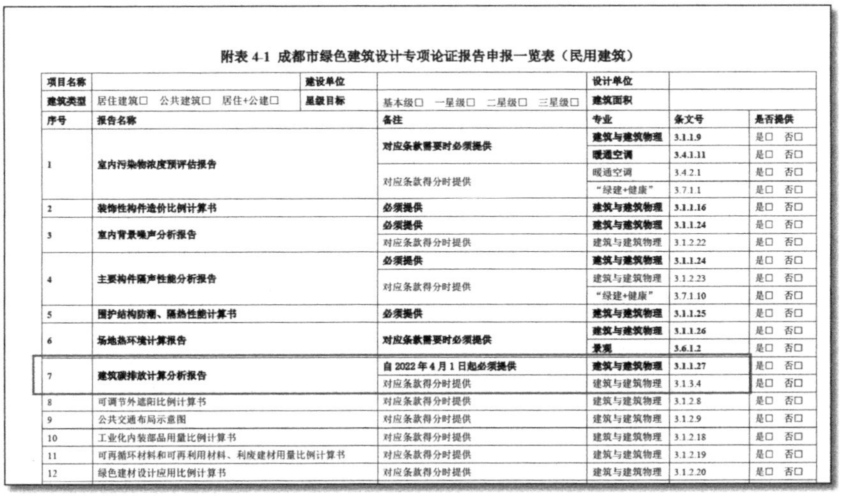

图 3-24　四川省成都市关于绿色建筑施工图审查提交碳排放报告书

2022 年 5 月 27 日，成都市住房和城乡建设局发布了《成都市民用建筑节能设计导则及审查要点（2022 版）》，自 2022 年 8 月 1 日起（以取得施工图审查合格书或完成自身承诺制时间为准），全市城镇新建、扩建、改建民用建筑均应严格执行本导则。导则执行后成都市民用建筑需提交全生命周期的碳排放专篇，且需要对碳排放对比强度进行审查。如图 3-25 所示。

图 3-25　四川省成都市关于碳排放审查需求

3.3　建筑碳排放计算工具

3.3.1　国内主流碳排放计算工具

3.3.1.1　建筑碳排放计算分析软件（PKPM-CES）

PKPM-CES 主要针对建筑领域，可以计算建筑全生命周期的碳排放量，包括建材生产与运输阶段、建造阶段、运行阶段、拆除阶段碳排放量以及符合国家标准的运行阶段减碳分析报告。该软件由北京构力科技有限公司（PKPM）与中国建筑科学研究院有限公司建筑环境与能源研究院共同研发，具有国际通用计算内核和国内自主知识产权的新版"爱必宜 IBE"计算核心，广泛应用于我国建筑节能、超低能耗建筑、近零能耗及零能耗建筑、碳排放领域的标准编制、项目设计及性能分析。PKPM-CES 的计算标准为《建筑节能与可再生能源利用通用规范》GB 55015—2021、《建筑碳排放计算标准》GB/T 51366—2019、《民用建筑绿色性能计算标准》JGJ/T 449—2018。

PKPM-CES 内置全生命周期涉及的各阶段因子数据库，来源权威、智能匹配。

一方面作为施工图环节的节能审查新要求，提供碳排放计算报告书。另一方面，针对大型碳排放企业（含园区），可建立碳排放模型，计算、展示整体碳达峰趋势以及碳排放构成，预测、分析不同减排措施对碳排放的影响。如图 3-26 所示。

图 3-26　建筑碳排放计算分析软件 PKPM-CES

3.3.1.2　绿色低碳云服务平台（PKPM-CC）

PKPM-CC 双碳云服务平台（以下简称"双碳云"，Web 版）由中国建筑科学研究院有限公司、北京构力科技有限公司依托数十年绿色低碳领域工程经验研发而成（图 3-27）。平台面向全行业提供企业级、项目级、产品级的碳核算和碳管控服务，为企业、高校等碳排放核算主体、碳领域研究机构提供绿色低碳专业技术服务。

（1）碳计算服务：双碳云服务平台目前已发布建筑、电力、交通、钢铁、化工等八大领域百余个专业计算模型，用以满足不同场景的计算需要。同时，平台还支持用户无代码自定义核算模型，可在现有模型上扩展、修改，快速实现跨行业、多场景的碳排放计算。

（2）碳管控服务：双碳云服务平台内置海量国内外正规途径发布的碳排放因子数据、万余个工程建设项目能耗数据、千余个由实际厂商提供的建材、设备性能参数数据，并持续云端自动更新；为企业的绿色低碳评估提供有价值的行业数据依据，同时帮助企业逐步建立绿色供应链，配套多项目协同管理能力，为企业降碳提供具体的技术措施。

（3）基于双碳云服务平台的技术基础和扩展能力，目前，中国建筑科学研究院有限公司、北京构力科技有限公司已与行业内多家企业、高校充分合作，共同开展绿色低碳领域的算法研究、书籍编写、课题申报、软件研发等工作，并面向合作的央企、高校提供免费的平台使用，与相关企业合作与共创。

图 3-27　PKPM-CC 双碳云服务平台

3.3.2　国际主流碳排放计算软件

国外很多国家和机构都有自主研发的全生命周期分析方法（LCA）软件，如欧洲的 Boustead、美国的 CLEAN、德国的 GaBi 和 Heraklit、荷兰的 Simapro 和 REPAQ 等。在全球 LCA 软件市场中，GaBi 占市场份额的 58% 左右，SimaPro 占市场份额约为 31%。可以进行建筑 LCA 分析的软件有 BEES、Athena、GaBi-Built，其中 BEES 使用最多。接下来列举三款比较主流的全生命周期碳排放计算软件。

3.3.2.1　BEES 软件

BEES（Building for Environmental and Economic Sustainability）是专门针对建筑领域研发，用于评价建筑环境影响的软件，由美国国家标准与技术局 NIST 能源实验室研发，其语言形式是英文（图 3-28）。其目标用户有设计师、建筑商及产品

图 3-28　BEES 软件官网界面

制造商，操作简单，已为用户设计好计算流程及框架体系。其中的 BEES Online 可免费使用，其数据库也完全公开，需要用户使用火狐或 IE7.0 以上版本的浏览器。

软件中计算材料用的 LCI 数据来源于 US LCI，由美国可再生能源实验室开发。

3.3.2.2　GaBi 软件

GaBi 软件由德国斯图加特大学 IKP 研究所研发，语言形式有英文、德文（图 3-29）。GaBi-5 其使用人员也不再局限于建筑领域，适用范围广泛，包括石油化工、金属加工、建筑产业、汽车工业以及能源等多个领域。虽有针对建筑行业 LCA 的 GaBi Build-It，目前只有德文版本。操作难度方面，相比 BEES 更为复杂，需要用户自行制作计算框架、流程，因此需要一定的专业知识基础。另外，该款软件是需要付费的，有演示版软件可供用户试用，但要获取完整的操作权限及打开所有的数据库，必须购买，价格在几百至几万欧元不等。

其数据库来源主要是：GaBi Databases、Ecoinvent、US LCI 和 European LCD。

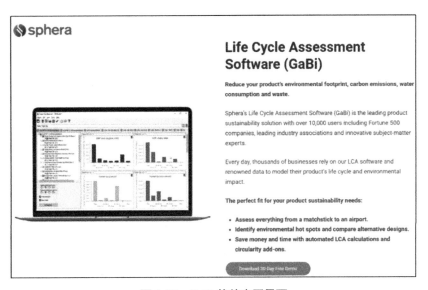

图 3-29　GaBi 软件官网界面

3.3.2.3　SimaPro 软件

SimaPro 软件由荷兰莱顿大学环境科学中心开发，语言形式有英文（图 3-30、图 3-31），也有部分中文。SimaPro 官网提供免费的试用版供用户下载，但要获得完整数据库，需支付几百至 1 万欧元不等，视用户数量而定。SimaPro 广泛适用于工业生产领域，但相比 GaBi 软件，适用范围有所缩减。同样，操作较复杂，需要用户自己创建全生命周期碳排放计算框架和流程过程，其框架体系依据 ISO 标准。该软件对电脑硬件配置有一定的要求，需要 PC>2000MHz、至少 2GB 的主能存（RAM）、1GB 的硬盘存储量。另外，在使用过程中，还要有 5GB 的硬盘空间为临时文件所用。该软件在中国有一定的用户数量。

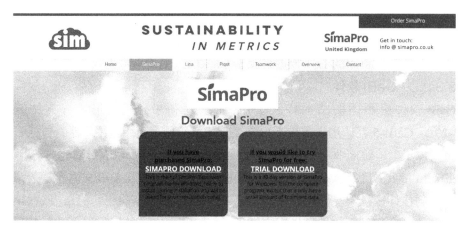

图 3-30　SimaPro **软件官网界面**

其数据库来源主要是 Ecoinvent V.2、US LCI、European LCD、US Input Output、EU and Danish Input Output、Dutch Input Output、Industry data v.2、IVAM、Japanese input-output 等。

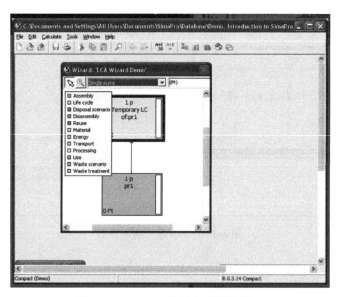

图 3-31　SimaPro **软件部分操作界面**

3.4　建筑碳排放设计要点

3.4.1　建筑碳排放设计目的及侧重点分析

目前建筑行业进行碳排放计算分析的目的主要有两种：

一是目前应用最广的目的，来源于《建筑节能与可再生能源利用通用规范》GB 55015—2021 中第 2.0.3 条"新建的居住和公共建筑碳排放强度应分别在 2016

> **2.0.3**　新建的居住和公共建筑碳排放强度应分别在 2016 年执行的节能设计标准的基础上平均降低 **40%**，碳排放强度平均降低 **7kgCO₂/(m²·a)** 以上。

图 3-32　《建筑节能与可再生能源利用通用规范》GB 55015—2021 第 2.0.3 条

年执行的节能设计标准的基础上平均降低 40%，碳排放强度平均降低 $7kgCO_2/(m^2 \cdot a)$ 以上"（图 3-32）。大部分项目在施工图设计阶段需要进行碳排放的计算、分析，并生成相关报告书提交给施工图审查单位以满足施工图审查要求。条目中提到的 2016 年执行的节能标准是指《公共建筑节能设计标准》GB 50189—2015、《夏热冬冷地区居住建筑节能设计标准》JGJ 134—2010、《夏热冬暖地区居住建筑节能设计标准》JGJ 75—2012、《严寒和寒冷地区居住建筑节能设计标准》JGJ 26—2010，不涉及地方标准。该条有两个指标：碳排放强度降低 $7kgCO_2/(m^2 \cdot a)$，以及降幅 40%，不同省份对这两个指标要求会有所不同，建议先咨询审图，例如安徽省要求两个指标都需要满足，部分城市则要求满足 $7kgCO_2/(m^2 \cdot a)$ 即可。此处碳排放量降低主要针对空调、供暖、照明三部分能耗产生的碳排放量以及太阳能光伏发电的抵扣量。故进行本条的减碳分析、设计时应当优先考虑建筑本体设计中建筑朝向、体形系数、窗墙面积比、遮阳设计、围护结构设计以及机电系统设计中新排风热回收、高能效设备、照明功率密度值、太阳能光伏，可暂时不考虑生活热水、电梯、设备等其他相关优化方向（注：并非没有减碳效果，只是进行本条分析时不在计算范围内）。

　　二是在《绿色建筑评价标准》GB/T 50378—2019 中提高创新项第 9.2.7 条"进行建筑碳排放计算分析，采取措施降低单位建筑面积碳排放强度，评价分值为 12 分"（图 3-33、图 3-34）或部分省份、城市政策文件要求进行全生命周期碳排放计算。这类目的的特别之处在于建筑碳排放范围为全生命周期，即建材生产与运输阶段、建造阶段、运行阶段、拆除阶段完整的碳排放量。且与《建筑节能与可再生能源利用通用规范》GB 55015—2021 中第 2.0.3 条不同，运行阶段也应当考虑生活热水、电梯、设备等能源、资源的消耗，优化措施也需要体现，例如太阳能热水系统、空气源热泵热水系统、太阳能光伏等。

> **9.2.7**　进行建筑碳排放计算分析，采取措施降低单位建筑面积碳排放强度，评价分值为 12 分。

图 3-33　《绿色建筑评价标准》GB/T 50378—2019 第 9.2.7 条

> **9.2.7** 进行建筑碳排放计算分析，采取措施降低单位建筑面积碳排放强度，评价分值为 12 分。
>
> 【条文说明扩展】
>
> 建筑碳排放计算分析包括建筑固有的碳排放量（建材生产及运输的碳排放）和标准运行工况下的碳排放量（标准运行工况的预测碳排放量和实际运行碳排放量），把握住建筑全生命期碳排放总量中占比最大的这两大部分。在碳排放量计算时，固有碳排放量和标准运行工况下的碳排放量均应进行计算。国家标准《建筑碳排放计算标准》GB/T 51366-2019 及行业标准《民用建筑绿色性能计算标准》JGJ/T 449-2018 对于建材生产及运输、建造及拆除、建筑运行等各环节的碳排放计算进行了详细规定，可供本条碳排放计算参考。
>
> 降低碳排放的措施，可归纳为减源、增汇、替代 3 类。减源，即减少化石能源消耗，通过先进技术提高能效和碳效来减少碳排放量；增汇，主要是加强生态系统管理，例如保护和增加项目区域内的树木，来抵消项目的碳排放；替代，积极利用水电、风能和太阳能、生物质能及地热能等可再生能源，替代化石能源。不论项目所处阶段，所提交的碳排放计算分析报告均应基于所计算、模拟或运行数据得出的碳排放量，进一步分析提出碳减排措施并实现碳排放强度的降低。对于预评价，主要分析建筑的固有碳排放量，即建材生产及运输的碳排放，计算对象应包括建筑主体结构材料、建筑围护结构材料、建筑构件和部品等，且所选主要建筑材料的总重量不应低于建筑中所耗建材总重量的 95%。同时，还应根据标准运行工况条件预测运行阶段的碳排放量。
>
> 对于评价，除进行固有碳排放量计算外，重点分析在标准运行工况下建筑运行产生的碳排放量。运行阶段的碳排放量应根据各系统不同类型能源消耗量和不同类型能源的碳排放因子确定。计算中采用的建筑设计寿命应与设计文件一致，当设计文件不能提供时，应按 50 年计算。计算范围应包括暖通空调、生活热水、照明及电梯、可再生能源、建筑碳汇系统在建筑运行期间的碳排放量。对于投入使用的项目，尚应基于实际运行数据，得出运行阶段碳排放量相关数据。

图 3-34　《绿色建筑评价标准》GB/T 50378—2019 技术细则

3.4.2　建筑本体设计

随着全球能源的不断消耗和环境污染的日益恶劣，如何降低建筑工程中的能源消耗，减少运行阶段的建筑碳排放，成为建筑设计首先要考虑的问题，而作为与建筑节能设计有密切联系的气候条件，则需要在进行建筑造型、设计布局等工作时必须考虑的首要因素。接下来将分别对建筑朝向、体形系数、窗墙面积比、建筑遮阳 4 个方面展开分析，论证不同设计条件对于建筑能耗与碳排放的影响。

3.4.2.1　建筑朝向分析

该模型（图 3-35）为夏热冬冷地区的一个公共建筑，建筑面积约 300m^2，主要功能为商业。分别按东、西、南、南偏东 30°、南偏西 30° 设置建筑朝向，计算不同朝向下的建筑负荷与碳排放的数据，结果如图 3-36 所示。

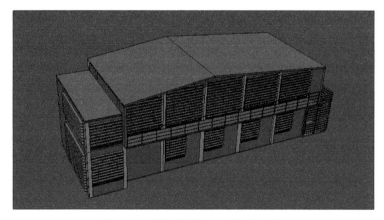

图 3-35　计算模型示意（公共建筑）

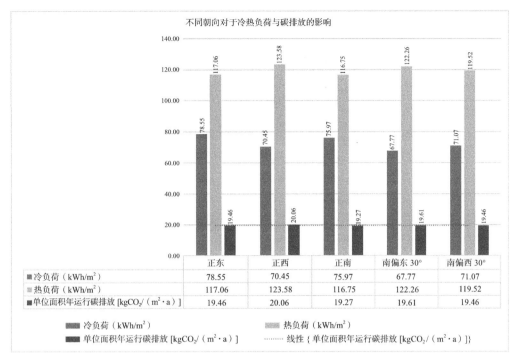

图 3-36　建筑朝向对冷热负荷、碳排放影响

经测算，**5 个测算案例中建筑朝向为正南的时候，单位面积碳排放量与热负荷相较于其他朝向低；建筑朝向为南偏 30° 的时候，冷负荷最低。**建筑朝向对建筑物获得的太阳辐射热量，以及通过门窗缝隙的空气渗透传热等有很大的影响。在冬季供暖能耗中的建筑物能耗，主要由通过围护结构传热失热和通过门窗缝隙的空气渗透失热，再减去通过围护结构传入和透过窗户进入的太阳辐射热构成。通过门窗缝隙的空气渗透损失的热量也与建筑朝向有密切关系。因此，为了降低冬季供暖能耗，建筑朝向宜采用南北向，主立面宜避开冬季主导风向。在夏季空调能耗中的建筑能耗，主要由透过窗户进入和通过围护结构传入的太阳辐射热量、通过围护结构传入的室内外温差传热和通过窗缝隙的空气渗透传热构成，而其中的太阳辐射热量是空调能耗的主要组成部分。因此，夏季空调能耗与建筑朝向密切相关。测算结论也与《建筑节能与可再生能源利用通用规范》GB 55015—2021 中条文说明的建议朝向一致。

3.4.2.2　体形系数分析

体形系数也是影响建筑能耗的一个因素，采用软件计算的方式验证不同体形系数下的建筑能耗与碳排放的值。

该计算模型（图 3-37）为夏热冬冷地区的住宅，单层建筑面积约 400m²。为验证不同体形系数下对于建筑能耗和碳排放的影响，采取单一标准层重复组装的方式，分别计算一层、三层、六层、九层建筑的单位面积能耗以及单位面积碳排放量，计算结果如图 3-38 所示。

建筑碳排放设计指南

图 3-37　计算模型示意（住宅建筑）

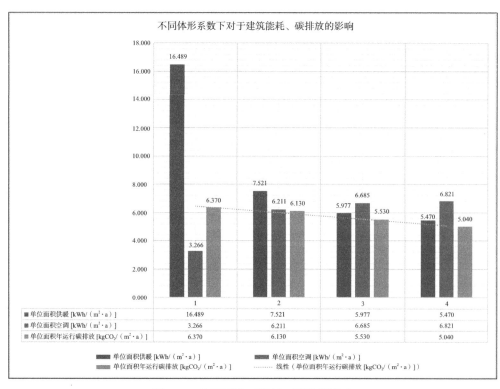

图 3-38　体形系数对能耗、碳排放影响

经计算，**体形系数越大，建筑能耗越大，单位面积年运行碳排放量越大**。由此得出，建筑的体形系数会影响建筑能耗与碳排放，体形系数越大，对于能耗、碳排放来说越不利，因此在建筑设计初期，需要考虑体形系数的影响，避免出现体形系数过大的情况。如何优化体形系数也是我们需要了解的内容，以下是一些常用的优化手段：

（1）**可改变形状因子以减小体形系数**：建筑平面越规则、越简洁，形状因子越小，建筑更节能。目前很多设计师在做建筑设计时，为了保证所有房间都有自然通风和采光，常常在建筑平面上做许多的凹凸，极大地增加了建筑的体形系数，对节能很不利。在方案阶段就应该更多地考虑节能因素，尽量把建筑的形状因子做小一点。

（2）**选取合适的层数以减小体形系数**：对于确定形状因子、建筑总面积和层高的建筑，可选取合适的层数，使其体形系数最小。因为此时建筑总体积已确定，即总供热（冷）量已确定，而建筑总表面积未定，可选取合适的层数使建筑总表面积最小，即总耗热（冷）量最小。也就是选择合适的层数，使建筑物既不显得太细长，也不显得太扁，使体形系数最小、最节能。在进行大批量的建筑规划和单体设计时，此法具有非常重要的指导意义。

3.4.2.3　建筑遮阳分析

外窗是建筑围护结构中的开口部位，通过外窗损失的空调、供暖、照明能耗占到建筑围护结构能耗的一半以上。在夏季炎热地区，通过外窗的太阳辐射得热是造成空调能耗大和室内热环境不良的主要因素，而建筑遮阳设施就是改善这一问题的主要措施，因此研究建筑遮阳设施对建筑能耗以及碳排放的影响非常重要。为了验证建筑遮阳对于建筑能耗、碳排放的影响，将通过软件分别计算同一个建筑在有遮阳与无遮阳的情况下的数据进行直接对比得出结论。

该模型（图 3-39）为夏热冬冷地区的幼儿园建筑，建筑面积约 $1500m^2$。分别计算模型在有遮阳和无遮阳的条件下建筑能耗及碳排放的数据，计算结果如图 3-40 所示。

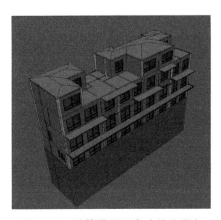

图 3-39　计算模型示意（幼儿园）

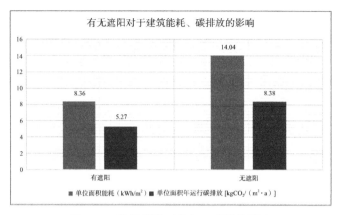

图 3-40　遮阳措施对能耗、碳排放影响

通过计算可知，**同一个建筑在有外遮阳的情况下，单位面积能耗与单位面积年运行碳排放相较于没有外遮阳的情况下大幅降低**，可见设置外遮阳对于建筑能耗以及碳排放有着重要影响。对建筑做遮阳可有效创造适宜的建筑内环境、良好的控制光线强度及通风效果，阻挡过多的热量进入室内，降低室内温度，减少空调能耗，从而降低建筑能耗。另外建筑遮阳对于建筑外噪声的格挡及建筑内私密性的保护有良好的效果。建筑设置遮阳对于建筑节能及提供舒适的建筑内部环境具有重大的作用。

建筑设计中常见的遮阳形式有：

1. 水平式遮阳

水平式遮阳能够有效地遮挡高度角较大的、从窗口上方投射下来的阳光。故适用于接近南向的窗口、低纬度地区的北向附近的窗口。

2. 垂直式遮阳

垂直式遮阳能够有效地遮挡高度角较小的、从窗侧斜射过来的阳光。但对于高度角较大的、从窗口上方投射下来的阳光，或接近日出、日落时平射窗口的阳光，它不起遮挡作用。故垂直式遮阳主要适用于东北、北和西北向附近的窗口。

3. 综合式遮阳

综合式遮阳能够有效地遮挡高度角中等的、从窗前斜射下来的阳光，遮阳效果比较均匀。故主要适用于东南或西南向附近的窗口。

4. 挡板式遮阳

挡板式遮阳能够有效地遮挡高度角较小的、正射窗口的阳光。故主要适用于东、西向附近的窗口。

遮阳设施遮挡太阳辐射热量的效果除取决于遮阳形式外，还与遮阳设施的**构造处理、朝向、安装位置、材料与颜色**等因素有关。各种遮阳设施遮挡太阳辐射热量的效果，一般以遮阳系数表示。遮阳系数是指在照射时间内，透过有遮阳窗口的太阳辐射量与透进无遮阳窗口的太阳辐射量的比值。系数愈小，说明透过窗口的太阳辐射热量愈小，防热效果愈好。

　　遮阳形式的选择，应从地区气候特点和窗口朝向考虑。活动式遮阳多采用铝合金、塑钢、工程塑料等，质轻，不易腐蚀，表面光滑，反射阳光辐射性能好；软百叶、布篷等遮阳形式在深圳地区也广泛采用。近年来由于 Low-E 玻璃综合成本较低，有越来越多的建筑使用。

　　除以上遮阳措施外，可以利用绿化和结合建筑构件的处理来解决遮阳问题。结合构件处理的常见手法有：加宽挑檐，设置百叶挑檐、外廊、凹廊、阳台、旋窗等。利用绿化遮阳是一种经济而有效的措施，特别适用于低层建筑，或在窗外种植蔓藤植物，或在窗外一定距离种树。根据不同朝向的窗口选择适宜的树形很重要，且按照树木的直径和高度，根据窗口需遮阳时的太阳方位角和高度角来正确选择树种和树形以及确定树的种植位置。树的位置除满足遮阳要求外，还要尽量减少对通风、采光和视线阻挡的影响。

3.4.2.4　窗墙面积比分析

　　在各项降低建筑能耗与碳排放量的措施中，建筑本体热性能的改善是首要和关键的。对于居住建筑，其热性能的状况最终是通过建筑形式及围护结构的热工性能来体现的，建筑窗墙面积比即是其中的一个重要参数。窗墙面积比加大，一方面会导致房间太阳辐射得热增加，另一方面会增强室内外的热量交换。前者有利于冬季室内热环境的改善，但会导致夏季空调能耗的增加；后者使得冬季房间的热量消耗增大，但却有利于夏季的室内散热。这意味着窗墙面积比加大对冬季和夏季的室内热环境分别存在有利和不利的方面。因此，为充分有效地利用太阳能，实现建筑节能减排，必须合理地确定窗墙面积比。

图 3-41　计算模型示意（住宅项目）

该项目（图 3-41）为夏热冬冷地区的一个住宅项目，层高 3m，总建筑面积约 11000m²。通过调整外窗尺寸来控制南向窗墙面积比，分别计算当南向窗墙面积比为 0.30、0.40、0.50 时，该模型的单位面积年运行碳排放以及单位面积冷热负荷的数据，验证窗墙面积比对于碳排放计算结果的影响，计算数据如图 3-42 所示。

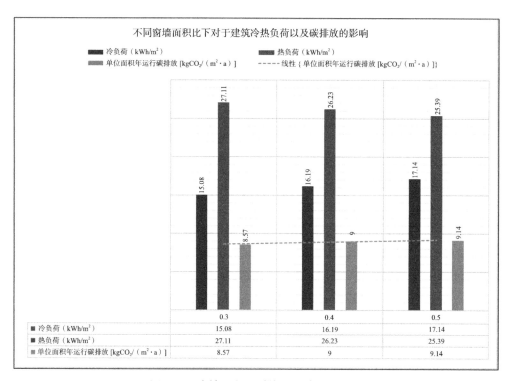

图 3-42　窗墙面积比对能耗、碳排放影响

分析计算结果可以得知，**当南向窗墙面积比由 0.30 变化到 0.50 时，建筑单位面积年运行碳排放值、单位面积冷负荷呈递增趋势，单位面积热负荷呈递减趋势**，因此可以认为更大的南向窗墙面积比可以降低供暖能耗，这是由于冬季南向太阳辐射照度最大，房间透过外窗获得的太阳辐射要大于通过外窗的热损失量；冷负荷递增，可以认为空调能耗不断增加，但窗墙面积比增大引起的热负荷下降程度小于其引起的冷负荷的增加程度，从而使总负荷仍随窗墙面积比的加大而增加，因此单位面积运行碳排放强度也随之增加。虽然在实际建筑设计中，并不需要所有朝向的窗墙面积比都满足规范要求，但是合理的窗墙面积比设计，能有效影响运行碳排放强度。

3.4.3　围护结构设计

降低建筑能耗和碳排放量是推进低碳生态城市建设的主要部分，生产建筑材料所产生的能耗和建筑在使用过程中所消耗的能耗是建筑能耗及建筑碳排放的两大主要组成部分。以一座普通建筑全生命周期（50 年左右）产生的碳排放为例，大约

60%是运行期间即建筑使用阶段中产生的碳排放，另外近40%是施工和上游如建材生产、运输过程中所产生的碳排放。

建筑围护结构是指门窗、墙体、屋面和地面，其保温、防潮、密封性能等热工性能的提高，可以大大减少建筑物冷热负荷，从而减少建筑设备的能耗、节省能源、降低碳排放，所以提高建筑围护结构的热工性能是建筑减碳的主要途径。在建筑物四大围护结构门窗、墙体、屋顶和地面中，以面积与能量损失率计，排首位的是门窗，其次是墙体，第三是屋顶。从门窗消耗的能量约占建筑使用过程总能耗的50%，其能耗是墙体的4倍、屋顶的5倍、地面的20多倍。相应地，建筑能耗的增加与减少预示着建筑碳排放量的增加与降低。因此，门窗、墙体等围护结构的节能减碳技术成为未来建筑业发展的重点，提高围护结构的保温、隔热性能和密闭性能，减少围护结构的能量损失，从而降低建筑运行阶段产生的碳排放量。

从建筑围护结构的维度考虑，选择低碳建材是减少建筑全生命周期碳排放的另一个有效方法。建筑物中大量的混凝土或水泥、钢材和铝材，是建筑隐含碳最大的排放源。研究表明，采用建筑低碳产品，整个建筑材料生命周期的碳排放可减少约10%。使用经EPD（环境性能要求）认证或其他低碳认证的建材及产品，可以在完全相同的设计性能条件下，实现最低的建筑碳排放目标。

3.4.3.1　围护结构选材

现代建筑基本是由水泥和钢筋构成，实现建材行业的碳减排主要依赖新技术、新材料的发展，主要包括生产工艺减碳、源头减碳等。一方面采用新型、低碳的结构形式，如采用低碳水泥或采用钢结构建筑形式，另一方面要充分利用绿色、低碳建筑材料，如林业的可持续木材、可回收材料等，从而减少建筑全生命周期碳排放。以下列举了目前低碳建筑材料的几大技术趋势：

1. 可再生建筑材料

使用回收的建筑材料具有减少对新材料的需求，最大限度地降低生产碳排放、运输碳排放、废物处理碳排放。清洁后的塑料废物可以重复用于专门设计的产品，如电缆管、PVC窗户、屋顶或地板；回收木材清洁并处理后，可以重新用于其他建筑项目；拆除后的碎混凝土可用于制作地基、平整工程或制作材料以生产未燃烧的砖。

2. 工业大麻混凝土

混凝土材料是当今工程建设中用量最大、应用范围最广的工程材料。在混凝土中掺加纤维则是近些年迅速发展的一种材料复合技术。汉麻混凝土是一种独特的建筑材料，是生物纤维和矿物黏合剂（石灰）的复合材料。这些成分与水掺杂在一起后，石灰黏合剂和水发生化学反应，导致黏合剂凝固并将黏合的颗粒粘在一起。如今，这种材料也被普遍称为"黏合纤维素绝缘材料"。汉麻混凝土是一种轻量的水泥状材料，它是混凝土重量的八分之一，却是混凝土强度的十倍。汉麻混凝土在热性能、结构和湿气处理性能方面都十分理想，是一种优质的建筑保温材料。最重要的是，通过混合材料量的调整，该混凝土可广泛用于屋顶、墙壁或板坯绝缘等方面。

选择工业大麻纤维做建筑混凝土具有诸多潜在好处。与其他天然纤维相比，工业大麻建筑成品的整体成本更低，有效提高了整个价值链的盈利能力。其纤维韧性好，强度高，力量支撑度更高，增加了建筑的耐用性。同时，工业大麻独特的防火性使其成为干旱地区首选的建筑材料。

汉麻混凝土的固碳和储碳能力是该材料的一个显著优点。众所周知，建筑制造实际上已经消耗了全球约 40% 的能源、25% 的水资源和 40% 的全球资源（联合国环境规划署，2016）。可喜的是，通过植物聚集体替代矿物聚集体，可以大大减少这种消耗。若按这种方式建造建筑，不仅可以锁住建筑中二氧化碳的排放，还可以降低建筑的能量损耗。

3. 贝壳混凝土

据统计，每年有超过 700 万 t 贝壳被海鲜行业扔掉。这些贝壳不可生物降解，处理成本高昂，并且可能损害环境。贝壳主要成分是矿物碳酸钙，而矿物碳酸钙恰好是水泥的主要成分。

一种由废贝壳制成的混凝土状材料由德国的材料设计公司 Newtab 22 提出。该公司利用这些贝壳中高浓度的碳酸钙（石灰石），创造出一种名为"海石"的材料，通过研磨贝壳并将其与天然无毒黏合剂结合而成。将混合物放入模具中，然后凝固成瓷砖。这是一种可持续的水泥替代品，保留了原始贝壳的纹理和颜色变化。通过添加不同的贝壳、黏合剂和天然染料，可以创造不同的纹理和颜色。

4. 秸秆

秸秆是另一种绿色建筑材料，由于具有良好的隔热性能，可用作建筑的框架材料，它们还可以用作隔声材料。稻草捆的非承重墙可以用作柱子之间的填充材料，用于框架梁中。

选择低碳建材旨在减少建材生产阶段产生的间接碳或隐含碳排放，有利于建筑全生命周期过程的碳减排。

3.4.3.2　围护结构热工性能影响

外墙耗能量在建筑总耗能量中占了很大的比重，减少外墙耗能量是实现建筑减碳的首要任务。本章节使用 PKPM-CES 软件计算分析了建筑外墙传热系数和外窗传热系数对建筑能耗及碳排放的影响。挑选夏热冬冷地区典型住宅项目进行模拟分析，建筑层高 3m，总建筑面积约 11000m²。分析结果如图 3-43 所示，外墙传热系数由 $0.1W/(m^2 \cdot K)$ 提升至 $0.7W/(m^2 \cdot K)$，即建筑围护结构外墙的保温厚度减少，外墙热工性能变差，可以看出建筑单位供暖能耗增多，即保温效果变差，冬季供暖需求增多。但随着保温厚度的减少 [外墙传热系数慢慢增加至 $0.7W/(m^2 \cdot K)$]，单位空调能耗有些许降低，但降低幅度小，室内积攒的热量可以通过围护结构散出。单从供暖、空调能耗的趋势分析，外墙保温厚度的影响是相对的，受到建筑内扰等多因素的影响，空调能耗可能随着保温厚度的减少慢慢降低，但供暖能耗随之增多。

总体而言，从单位供暖空调总能耗即空调能耗和供暖能耗之和分析，随着外墙保温厚度的增加，供暖空调总能耗减少，随之碳排放也减少。

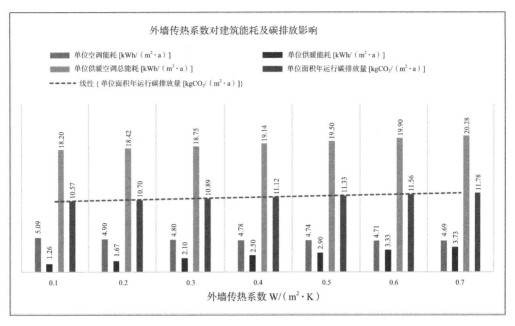

图 3-43　外墙传热系数对建筑能耗及碳排放影响（一）

外窗属于建筑围护结构中的薄弱环节，由于窗户气密性不好导致的渗透通风使得窗户的保温性能达不到节能要求，在建筑能耗中外窗能耗所占比重最大，因此，研究外窗性能对建筑负荷有着重要意义。判断外窗的保温性能可以从传热系数指标着手，为了达到降低窗户传热的目的，不同的建筑类型往往采用不同形式的窗户。

建筑门窗一般由门窗框材料、镶嵌材料和密封材料构成。其材料的选择对建筑节能的影响很大，针对不同的构件选择导热率较小、节能性能好的材料。门窗框材料有木材、钢材、铝合金、塑料和复合材料等，导热系数较大，则不利于建筑节能。尽管木材的导热率最小，但是木材资源的短缺和对木材资源的保护，加上对新材料的研发不断取得进步，所以木材的用量显著降低。因此，经过复合、表面处理后的材料（铝合金与高性能工程塑料复合的铝合金型材，经粉末喷涂、氟碳喷涂等表面处理）占目前的主要地位。目前，市面上常见的玻璃有单层玻璃、中空玻璃、双层玻璃和镀膜玻璃等。窗框与玻璃的结合最终确定整窗的传热，从而影响建筑碳排放。

图 3-44 展示了建筑外窗传热系数对建筑能耗及碳排放的影响。外窗的传热系数由 0.6W/（$m^2 \cdot K$）提升至 1.8W/（$m^2 \cdot K$），即外窗的热工性能变差，导致建筑单位供暖能耗增加，单位空调能耗降低，总体上建筑单位供暖空调总能耗增加。由此可见，外窗传热系数越好（传热系数越低），夏热冬冷地区的建筑运行空调系统总能耗随之减少，对应的碳排放量减少。目前，《建筑节能与可再生能源利用通用规

范》GB 55015—2021 要求窗墙面积比在 0.4 左右的住宅建筑，外窗的传热系数不大于 2.0W/（m²·K），各地方节能规范如江苏省居住建筑节能设计标准对外窗的要求更加严格，应不低于 1.8W/（m²·K）。在一定程度上，围护结构热工性能设计影响建筑运行总能耗和建筑运行总碳排量。

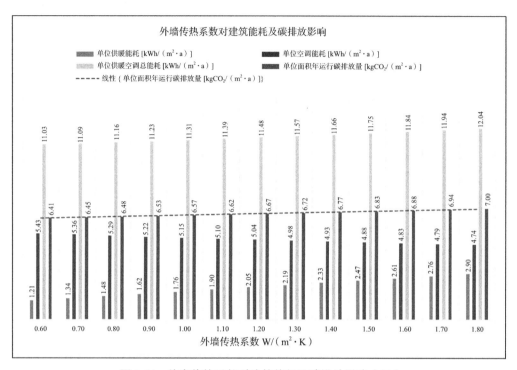

图 3-44　外窗传热系数对建筑能耗及碳排放影响（二）

参考文献

[1]　侯余波，付祥钊. 夏热冬冷地区窗墙比对建筑能耗的影响 [J]. 建筑技术，2001（10）：661-662.

[2]　江德明. 窗墙比对居住建筑能耗的影响 [J]. 建筑技术，2009，40（12）：1099-1102.

[3]　楚洪亮，孙诗兵，万成龙. 建筑遮阳设施对建筑能耗的影响分析 [J]. 山东建筑大学学报，2016，31（1）：33-37，46.

[4]　时云鹏，谢颖. 哈尔滨市围护结构对建筑能耗影响分析 [J]. 山西建筑，2019，45（17）：145-146.

[5]　肖凡，徐勇. 外墙外保温材料的常用构造做法及不同地域的最小厚度研究 [J]. 江苏建筑，2019（1）：95-98，109.

第 4 章

碳排放计算案例

4.1 建筑碳排放计算流程

民用建筑的施工图审查主要参照以下三种情况进行计算及审查：

（1）《建筑节能与可再生能源利用通用规范》GB 55015—2021 第 2.0.3 条中要求，新建的居住和公共建筑碳排放强度应分别在 2016 年执行的节能设计标准的基础上平均降低 40%，碳排放强度（建筑运行阶段碳排放）平均降低 $7kgCO_2/（m^2·a）$ 以上。

（2）新疆维吾尔自治区及广东省深圳市福田区住房和建设局明确要求，建筑碳排放计算参照《建筑碳排放计算标准》GB 51366—2019 要求，需计算建筑全生命周期碳排放计算（建材生产及运输、建筑建造、建筑运行及建筑拆除、绿化碳汇）。

（3）广东省发布《建筑碳排放计算导则（试行）》，要求建筑碳排放计算指标为建筑行业碳排放（建筑建造、建筑运行、建筑拆除、绿化碳汇）。

根据建筑碳排放政策要求可知，运行阶段碳排放计算是建筑碳排放计算中必不可少的一项计算内容，故碳排放计算中的核心即为运行阶段的能耗计算，根据能耗计算得到能源消耗量，再转化为碳排放量。能耗计算需要基于建筑模型进行，因此，模型是建筑碳排放计算的基础，整体计算流程如图 4-1 所示。

图 4-1 建筑碳排放计算流程

4.2 公共建筑全生命周期碳排放计算案例

4.2.1 公共建筑案例——南昌市红谷滩区某高校

4.2.1.1 项目概况

该项目位于南昌市红谷滩区某高校内，综合楼建筑面积 $115921.8m^2$，体育场建筑面积 26479.59m²，地下室建筑面积 52436.46m²。综合楼内包含图书馆、图文信息中心、报告厅、办公楼、实训教室。如图 4-2 所示。

图 4-2　南昌市红谷滩区某高校效果图

4.2.1.2　碳排放计算边界

该项目报告的系统边界为"从原料开采到拆除回收（From Cradle to Grave）"，全生命周期阶段如图 4-3 所示。

图 4-3　建筑全生命期碳排放计算系统边界

（图片绘制依据：《建筑和土木工程的可持续性——建筑产品和服务的环境产品声明的核心规则》ISO 21930：2017）

各阶段的系统边界及对环境影响的原因见表 4-1。

建筑生命周期评价系统边界　　　　表 4-1

生命周期阶段名称	产生环境影响原因
建材准备阶段 P	建筑建造所需建材的生产加工（从原材料开采到建材生产完成，包含中间的运输过程）的消耗与排放
建筑建造阶段 C	建材出厂运输到建造现场，现场的材料加工、机械设备使用、场内运输等消耗，主要包括柴油、汽油、电力和水以及环境排放
建筑运行使用阶段 O	建筑日常运营时的用能，主要包括供暖、通风、空调、照明等消耗的能源，如电力、天然气、外购热等，以及由此引起的环境排放；也包括建筑使用期间替换建材的生产带来的环境影响
建筑拆除废弃阶段 R	建筑拆除过程中的消耗，如电力、柴油等，以及拆除后废弃物的回收再利用和运输填埋造成的环境影响及效益

建筑全生命周期的环境影响指标结果 LCA_W 等于各阶段指标结果汇总：

$$LCA_W = LCA_P + LCA_C + LCA_O + LCA_R \qquad (4-1)$$

4.2.1.3　碳排放因子来源及取舍原则

1. 碳排放因子来源

该项目报告中的碳排放数据来源如下：

（1）部分建材根据厂商提供的碳排放数据水平设置。

（2）无明确的建材生产碳排放数据时，建材生产碳排放因子按照《建筑碳排放计算标准》GB/T 51366—2019 附录 D 中默认值以及李岳岩等主编的《全生命周期碳足迹》取值。

（3）运输方式碳排放因子按照《建筑碳排放计算标准》GB/T 51366—2019 附录 E 中默认值及《全生命周期碳足迹》取值。

（4）能源碳排放因子根据热值、折标煤系数及单位热值碳排放因子计算而来。其中热值数据来源为《综合能耗计算通则》GB/T 2589—2020 附录 A，折标煤系数数据来源为《综合能耗计算通则》GB/T 2589—2020 附录 A、《建筑节能与可再生能源利用通用规范》GB 55015—2021，单位热值碳排放因子数据来源为《建筑碳排放计算标准》GB/T 51366—2019 附录 A。

（5）电网平均碳排放因子根据《企业温室气体排放核算方法与报告指南——发电设施》（2022 年修订版）、《上海市生态环境局关于调整本市温室气体排放核算指南相关排放因子数值通知》以及《建筑碳排放计算标准》GB/T 51366—2019 基本规定第 3.0.5 条取值。

（6）绿化年固碳量按照广东省住房和城乡建设厅发布的《建筑碳排放计算导则（试行）》以及《城市绿地碳汇核算方法及其研究进展》取值。

2. 取舍原则

该项目报告采用的取舍规则以各项材料投入占产品重量或过程总投入的重量比，或《建筑碳排放计算标准》GB/T 51366—2019 中的规则作为计算依据。具体规则如下：

（1）普通物料重量 <1% 产品重量时，以及含稀贵或高纯成分的物料重量 <0.1% 产品重量时，可忽略该物料的上游生产数据。如建材生产及运输阶段所选主要建筑材料的总重量不应低于建筑中所耗建材总重量的 95%，当符合本条规定时，重量比小于 0.1% 的建筑材料可不计算，总共忽略的物料重量不超过 5%。

（2）低价值废物作为原料，如粉煤灰、矿渣、秸秆、生活垃圾等，可忽略其上游生产数据。

（3）大多数情况下，生产设备、厂房、生活设施等可以忽略，建造阶段使用的办公用房、生活用房和材料库房临时设施的拆除可不计入。

（4）变配电、建筑内家用电器、办公电器、炊事等受使用方式影响较大的建筑碳排放不确定性大，这部分碳排放量在总碳排放量中占比不高，不影响对设计阶段建筑方案碳排放强度优劣的判断，国际上通用做法是建筑碳排放计算不纳入家用电器、办公电器、炊事等的碳排放量。

4.2.1.4 建材生产与运输阶段

1. 建材生产及运输阶段数据来源

（1）建筑材料用量

该项目中的建材用量获取途径为《工程预算清单》。

（2）建筑材料运输

该项目中的建材运输相关测算原则如下：

① 优先按照实际的供货地点、运输距离、运输工具统计建材运输碳排放；

② 部分材料尚无准确交通数据时，按照《建筑碳排放计算标准》GB/T 51366—2019 附录 E 中默认值取值，混凝土默认运输距离值为 40km，其余建材的默认运输距离为 500km，交通方式默认为陆运。

（3）建材碳排放数据

该项目中建材生产碳排放因子来源为《建筑碳排放计算标准》GB/T 51366—2019 附录 D、《全生命周期碳足迹》以及经检测的相关厂商材料。

2. 建材生产阶段碳排放计算

建材生产阶段碳排放计算如表 4-2、表 4-3 所示。

体育场建材生产阶段碳排放计算表　　　　表 4-2

序号	建材种类	材料描述	用量	单位	生产因子（tCO$_2$e/ 单位用量）	碳排放量（tCO$_2$e）
1	蒸压加气混凝土砌块		2889	m³	0.341	985.15
2	零星砌砖		162.76	m³	0.204	33.203
3	钢筋		32.57	t	2.31	75.24
4	钢丝网		1053	m²	0.01726	18.17

续表

序号	建材种类	材料描述	用量	单位	生产因子 （tCO₂e/ 单位用量）	碳排放量 （tCO₂e）
5	细石混凝土	C20	260	m³	0.238	61.88
6	混凝土	C25	453.82	m³	0.248	112.55
7	混凝土	C35	1827	m³	0.308	562.72
8	混凝土	C35	81.2	m³	0.308	25.00
9	混凝土	C40	10823	m³	0.295	3192.79
10	混凝土		290	m³	0.295	85.55
11	沥青混凝土		696	m³	0.295	205.32
12	泡沫混凝土		375	m³	0.295	110.63
13	钢绞线		252.27	t	2.375	599.14
14	钢筋	HPB300	37.5	t	2.31	86.63
15	钢筋	HRB400	2531.95	t	2.31	5848.80
16	预埋铁件		1.593	t	2.19	3.49
17	XPS 挤塑聚苯乙烯泡沫塑料板保温层		7.605	t	5.02	38.18
18	岩棉板		143.91	t	1.98	284.94
19	APP 改性沥青防水卷材	厚 3mm	6500	m²	0.0023	14.95
20	聚氨酯防水涂料	厚 1.5mm	16.25	t	6.55	106.44
21	聚合物水泥防水涂料	厚 2mm	16.25	t	6.55	106.44
22	聚合物水泥基复合防水涂料	厚 1.5mm	7.25	t	6.55	47.49
23	铁爬梯		0.54	t	2.19	1.18
24	铝合金固定窗	普通铝合金，5（Low-E）+9A+5 中空钢化玻璃	670	m²	0.147	98.49
25	铝合金平开窗	普通铝合金，5（Low-E）+9A+5 中空钢化玻璃	160	m²	0.147	23.52
26	金属（塑钢）门		191.82	m²	0.0483	9.26
27	防火门	甲级	42	m²	0.0483	2.03
28	防火门	乙级	88.78	m²	0.0439	3.90
29	防火门	丙级	2.5	m²	0.0351	0.09
30	防滑地砖	8 ~ 10mm	650	m²	0.0195	12.68
31	地砖踢脚	5 ~ 10mm	211.466	m²	0.0195	4.12
32	乳胶漆		124.5	t	6.55	815.48
33	专用面层粉刷石膏罩面	厚 2mm	53.76	kg	0.0328	1.76
34	墙面砖	5 ~ 7mm	500	m²	0.0195	9.75
35	粉刷石膏	厚 5mm	0.225	kg	0.0328	0.01

续表

序号	建材种类	材料描述	用量	单位	生产因子 （tCO₂e/单位用量）	碳排放量 （tCO₂e）
36	不锈钢栏杆	高700mm	1220	m	0.02498	30.48
37	楼梯栏杆	高900mm	700	m	0.02498	17.49
38	金属花架柱、梁		6.5	t	2.19	14.24
39	编织金属围网		33	t	2.19	72.27
40	砖		560	m³	0.204	114.24
41	蒸压加气 混凝土砌块		220	m³	0.341	75.02
42	零星砖砌体		20	m³	0.204	4.08
43	砌体加筋		5.2	t	2.31	12.01
44	300宽钢板网		110	m²	0.01726	1.90
45	混凝土	C15	2200	m³	0.228	501.60
46	混凝土	C20	2250	m³	0.238	535.50
47	混凝土	C25	751	m³	0.308	231.31
48	混凝土	C30	975	m³	0.295	287.63
49	混凝土	C35	26732.59	m³	0.308	8233.64
50	混凝土	C45	1070	m³	0.308	329.56
51	细石混凝土	C20	1647.9	m³	0.308	507.55
52	细石混凝土	C25	136.8	m³	0.308	42.13
53	钢筋	HPB300	35.66	t	2.31	82.37
54	钢筋	HRB400	4680.66	t	2.31	10812.32
55	预埋铁件		12.47	t	2.19	27.31
56	铁爬梯		0.66	t	2.19	1.45
57	沥青SBS防水卷材	厚4mm	29970	m²	0.0023	68.93
58	聚苯板	厚50mm	126	m³	0.0227	2.86
59	高分子自粘胶膜卷材	2mm	2520	m²	0.0023	5.80
60	铅丝网		158.25	m²	0.01726	2.73
61	活动地板		310	m²	0.0195	6.04
62	防滑地砖	8~10mm	390	m²	0.0195	7.61
63	涂料		9.478	t	6.55	62.08
64	防霉涂料		68.544	t	6.55	448.96
65	专用粉刷石膏	2mm	3000	m²	0.0328	98.4
66	石灰膏砂浆	10mm	3000	m²	0.0328	98.4
67	钢质防火门		280	m²	0.0483	13.52
68	人防门		360	m²	0.0483	17.39
69	钢管扶手带栏杆		4.557	m	0.02498	0.11
70	钢盖板		120	m²	0.01726	2.07
合计						36370.81

<h2 style="text-align:center">综合楼建材生产阶段碳排放计算表　　　表 4-3</h2>

序号	建材种类	材料描述	用量	单位	生产因子 （tCO₂e/单位用量）	碳排放量 （tCO₂e）
1	加气混凝土砌块		4753.36	m³	0.341	1620.90
2	零星砌砖		5.184	m³	0.204	1.06
3	镀锌铁丝	φ0.7	13.89610	t	2.19	30.43
4	镀锌铁丝	φ4.0	11.52439	t	2.19	25.24
5	钢丝网		34157.96	m²	0.01726	589.57
6	混凝土	C50	2415.86	m³	0.385	930.11
7	混凝土	C45	1707.92	m³	0.308	526.04
8	混凝土	C40	2061.88	m³	0.308	635.06
9	混凝土	C35	2072	m³	0.308	638.18
10	混凝土	C30	10864.97	m³	0.295	3205.17
11	混凝土	C25	2006.97	m³	0.248	497.73
12	混凝土	C20	176.37	m³	0.248	43.74
13	混凝土	C15	2.46	m³	0.228	0.56
14	混凝土	10mm	0.486	m³	0.308	0.15
15	细石混凝土	C20，60mm	11.2698	m³	0.248	2.79
16	细石混凝土	40mm	104.6415	m³	0.308	32.23
17	细石混凝土	20mm	4.731	m³	0.308	1.46
18	钢筋		2833.77	t	2.31	6546.01
19	预埋铁件		2.916	t	2.19	6.39
20	木质门		612.45	m²	0.0483	29.58
21	钢质防火门	乙级	420.5	m²	0.0439	18.46
22	钢质防火门	甲级	210.24	m²	0.0483	10.15
23	钢质防火门	丙级	236.46	m²	0.0351	8.30
24	门联窗		101.35	m²	0.0463	4.69
25	金属百叶窗		533.37	m²	0.0463	24.70
26	金属窗		343.78	m²	0.0463	15.92
27	带骨架幕墙		631.4	m²	0.386	243.72
28	聚氨酯防水涂料	1.5mm	7.987246	t	6.55	52.32
29	防水涂料	2mm	7.093156	t	6.55	46.46
30	防霉涂料		5.274396	t	6.55	34.55
31	防潮涂料		2.738988	t	6.55	17.94
32	塑性体改性沥青防水卷材	3mm	2852.588	m²	0.0023	6.56
33	挤塑聚苯板	60mm	171.1552	m³	0.0227	3.89
34	抛光通体砖	800mm×800mm	31720.23	m²	0.0195	618.54
35	防滑地砖	600mm×600mm	978.21	m²	0.0195	19.08

序号	建材种类	材料描述	用量	单位	生产因子（tCO₂e/单位用量）	碳排放量（tCO₂e）
36	地砖踢脚线	5~10mm	1596.363	m²	0.0195	31.13
37	广场砖		73.12	m²	0.0195	1.43
38	面砖	300mm×600mm	33877.18	m²	0.0195	660.61
39	防静电地板		20.75	m²	0.0195	0.40
40	轻钢龙骨石膏板	600mm×600mm	0.882834	t	0.0328	0.03
41	石膏板		0.0014	t	0.0328	0.00
42	轻钢雨篷		5.4	m²	0.121	0.65
43	不锈钢栏杆		332.9	m	0.02498	8.32
44	岩棉	50mm	0.108	t	1.98	0.21
45	生石灰		10.64806	t	1.75	18.63
46	松木板枋材		316.276	m³	0.139	43.96
47	夹胶玻璃	8+1.52pvb+8	0.22248	t	1.13	0.25
48	醇酸清漆		4.796526	t	6.55	31.42
49	乳胶漆		103.3793	t	6.55	677.13
50	红丹防锈漆		17.40739	t	6.55	114.02
51	石油沥青		479.342	kg	0.00282	1.35
52	水		13569.07	m³	0.000168	2.28
53	汽油		1110.167	kg	0.06791	75.39
54	柴油		15157.09	kg	0.07259	1100.25
55	中砂		64.4776	t	0.0023	0.15
56	水泥		183.5295	t	0.977	179.31
57	加气混凝土砌块		6139.52	m³	0.341	2093.58
58	零星砌砖		5.184	m³	0.204	1.06
59	镀锌铁丝	φ0.7	7.911675	t	2.19	17.33
60	镀锌铁丝	φ4.0	8.290047	t	2.19	18.16
61	钢丝网		1175.546	m²	0.01726	20.29
62	混凝土	C50	598.63	m³	0.385	230.47
63	混凝土	C45	634.64	m³	0.308	195.47
64	混凝土	C40	623.8	m³	0.308	192.13
65	混凝土	C35	501.88	m³	0.308	154.58
66	混凝土	C30	6907.444	m³	0.295	2037.70
67	混凝土	C25	566.97	m³	0.248	140.61
68	混凝土	C20	76.37	m³	0.248	18.94
69	混凝土	C15	2.46	m³	0.228	0.56
70	细石混凝土	C20，60mm	34.71	m³	0.308	10.69

续表

序号	建材种类	材料描述	用量	单位	生产因子 （tCO₂e/ 单位用量）	碳排放量 （tCO₂e）
71	细石混凝土	40mm	1267.36	m³	0.308	390.35
72	细石混凝土	20mm	227.55	m³	0.308	70.09
73	钢筋		1886.73	t	2.31	4358.35
74	预埋铁件		2.916	t	2.19	6.39
75	木质门		1702.44	m²	0.0483	82.23
76	钢质防火门	乙级	135.741	m²	0.0439	5.96
77	钢质防火门	甲级	156.625	m²	0.0483	7.56
78	钢质防火门	丙级	228.809	m²	0.0351	8.03
79	门联窗		61.35	m²	0.0463	2.84
80	金属窗		66.4	m²	0.0463	3.07
81	带骨架幕墙		294.8286	m²	0.386	113.80
82	聚氨酯防水涂料	1.5mm	3.737275	t	6.55	24.48
83	聚合物水泥防水涂料		57.19295	t	6.55	374.61
84	防水涂料	2mm	2.5215	t	6.55	16.52
85	防霉涂料		2.209282	t	6.55	14.47
86	防潮涂料		2.5215	t	6.55	16.52
87	塑性体改性沥青防水卷材	3mm	1494.91	m²	0.0023	3.44
88	挤塑聚苯板	60mm	76.0416	m³	0.0227	1.73
89	抛光通体砖	800mm×800mm	21675.3	m²	0.0195	422.67
90	防滑地砖	600mm×600mm	2406.84	m²	0.0195	46.93
91	地砖踢脚线	5～10mm	1596.363	m²	0.0195	31.13
92	广场砖		33.12	m²	0.0195	0.65
93	面砖	300mm×600mm	22877.18	m²	0.0195	446.11
94	轻钢龙骨石膏板	600mm×600mm	0.90774	t	0.0328	0.03
95	轻钢雨篷		5.4	m²	0.121	0.65
96	不锈钢栏杆		481.65	m	0.02498	12.03
97	水泥		119.1399	t	0.977	116.40
98	生石灰		4.104562	t	1.75	7.18
99	松木板枋材		228.122	m³	0.139	31.71
100	夹胶玻璃	8+1.52pvb+8	0.22248	t	1.13	0.25
101	醇酸清漆		1.226199	kg	6.65	8.15
102	乳胶漆		103.3793	t	6.55	677.13
103	红丹防锈漆		8.65853	t	6.65	57.58
104	石油沥青		268.717	kg	0.00282	0.76

续表

序号	建材种类	材料描述	用量	单位	生产因子 （tCO₂e/ 单位用量）	碳排放量 （tCO₂e）
105	水		8148.405	m³	0.000168	1.37
106	汽油		603.351	kg	0.06791	40.97
107	柴油		10719.61	kg	0.07259	778.14
108	中砂		88.502	t	0.0023	0.20
109	加气混凝土砌块		3060.12	m³	0.341	1043.50
110	零星砌砖		18.4	m³	0.204	3.75
111	镀锌铁丝	φ0.7	8.187276	t	2.19	17.93
112	镀锌铁丝	φ4.0	5.670242	t	2.19	12.42
113	钢丝网		4035.75	m²	0.01726	69.66
114	混凝土	C50	943.97	m³	0.385	363.43
115	混凝土	C45	600	m³	0.308	184.80
116	混凝土	C40	554.88	m³	0.308	170.90
117	混凝土	C35	331.12	m³	0.308	101.98
118	混凝土	C30	5824.39	m³	0.295	1718.20
119	混凝土	C25	142.46	m³	0.248	35.33
120	混凝土	C20	90.3	m³	0.248	22.39
121	混凝土	C15	1.7	m³	0.228	0.39
122	细石混凝土	C20，60mm	1.692	m³	0.248	0.42
123	细石混凝土	C20，40mm	43.7456	m³	0.248	10.85
124	钢筋		1569.23	t	2.31	3624.92
125	预埋铁件		2.43	t	2.19	5.32
126	木质门		357	m²	0.0483	17.24
127	钢质防火门	乙级	165.6	m²	0.0439	7.27
128	钢质防火门	甲级	48.87	m²	0.0483	2.36
129	钢质防火门	丙级	133.56	m²	0.0351	4.69
130	金属窗		495.12	m²	0.0463	22.92
131	带骨架幕墙		1758.84	m²	0.386	678.91
132	聚氨酯防水涂料	1.5mm	3.2056	t	6.55	21.00
133	聚合物水泥防水涂料	2mm	5.62945	t	6.55	36.87
134	防霉涂料		0.02315	t	6.55	0.15
135	防潮涂料		1.2735	t	6.55	8.34
136	塑性体改性沥青防水卷材	3mm	1282.24	m²	0.0023	2.95
137	挤塑聚苯板	60mm	76.9344	m³	0.0227	1.75
138	抛光通体砖	800mm×800mm	20297.4	m²	0.0195	395.80
139	防滑地砖	600mm×600mm	1168.9	m²	0.0195	22.79

续表

序号	建材种类	材料描述	用量	单位	生产因子 （tCO$_2$e/单位用量）	碳排放量 （tCO$_2$e）
210	加气混凝土砌块		862.32	m^3	0.341	294.05
211	零星砌砖		2.7	m^3	0.204	0.55
212	镀锌铁丝	ϕ0.7	1.212513	t	2.19	2.66
213	镀锌铁丝	ϕ4.0	2.020495	t	2.19	4.42
214	钢丝网		3124.194	m^2	0.01726	53.92
215	混凝土	C40	76.755	m^3	0.308	23.64
216	混凝土	C35	307.99	m^3	0.308	94.86
217	混凝土	C30	1296.15	m^3	0.295	382.36
218	混凝土	C25	96.357	m^3	0.248	23.90
219	混凝土	C20	7.19	m^3	0.248	1.78
220	混凝土	C15	64.85	m^3	0.228	14.79
221	细石混凝土	C20，60mm	2.613	m^3	0.248	0.65
222	细石混凝土	C20，40mm	62.5192	m^3	0.248	15.50
223	钢筋		257.454	t	2.31	594.72
224	预埋铁件		2.4	t	2.19	5.26
225	木质门		200.16	m^2	0.0483	9.67
226	钢质防火门	乙级	23	m^2	0.0439	1.01
227	钢质防火门	甲级	23.46	m^2	0.0483	1.13
228	钢质防火门	丙级	3.36	m^2	0.0351	0.12
229	金属窗		359.19	m^2	0.0463	16.63
230	金属百叶窗		6.4	m^2	0.0463	0.30
231	带骨架幕墙		34.93435	m^2	0.386	13.48
232	聚氨酯防水涂料	1.5mm	3.953	t	6.55	25.89
233	聚合物水泥防水涂料	2mm	4.19014	t	6.55	27.45
234	防霉涂料		0.012075	t	6.55	0.08
235	防潮涂料		0.498675	t	6.55	3.27
236	塑性体改性沥青防水卷材	3mm	1581.42	m^2	0.0023	3.64
237	挤塑聚苯板	60mm	94.8852	m^3	0.0227	2.15
238	抛光通体砖	800mm×800mm	4777.14	m^2	0.0195	93.15
239	防滑地砖	600mm×600mm	315.06	m^2	0.0195	6.14
240	活动地板		13.44	m^2	0.0195	0.26
241	地砖踢脚线	5~10mm	323.5	m^2	0.0195	6.31
242	广场砖		19.05	m^2	0.0195	0.37
243	面砖	300mm×600mm	1490.826	m^2	0.0195	29.07
244	轻钢龙骨石膏板	600mm×600mm	0.179523	t	0.0328	0.01

续表

序号	建材种类	材料描述	用量	单位	生产因子 （tCO₂e/ 单位用量）	碳排放量 （tCO₂e）
245	轻钢雨篷		5.09	m²	0.121	0.62
246	不锈钢栏杆		114.11	m	0.02498	2.85
247	无障碍护栏		11.35	m	0.02498	0.28
248	水泥		74.82814	t	0.977	73.11
249	生石灰		2.897483	t	1.75	5.07
250	松木板枋材		60.841	m³	0.139	8.46
251	夹胶玻璃	8+1.52pvb+8	0.20972	t	1.13	0.24
252	钢化中空玻璃	6+12A+6	18.16275	t	1.13	20.52
253	醇酸清漆		0.627907	kg	6.55	4.11
254	乳胶漆		21.95664	t	6.55	143.82
255	红丹防锈漆		1.115001	t	6.55	7.30
256	石油沥青		282.138	kg	0.00282	0.80
257	水		1902.309	m³	0.000168	0.32
258	汽油		635.645	kg	0.06791	43.17
259	柴油		4352.187	kg	0.07259	315.93
260	中砂		69.9142	t	0.0023	0.16
261	加气混凝土砌块		1012.5	m³	0.341	345.26
262	零星砌砖		3.5	m³	0.204	0.71
263	镀锌铁丝	φ0.7	2.693202	t	2.19	5.90
264	镀锌铁丝	φ4.0	3.510511	t	2.19	7.69
265	钢丝网		4963.835	m²	0.01726	85.68
266	混凝土	C40	192.6	m³	0.308	59.32
267	混凝土	C35	944.37	m³	0.308	290.87
268	混凝土	C30	2646.13	m³	0.295	780.61
269	混凝土	C25	162.1	m³	0.248	40.20
270	混凝土	C20	6.15	m³	0.248	1.53
271	混凝土	C15	45.85	m³	0.228	10.45
272	细石混凝土	C20，60mm	3.5232	m³	0.248	0.87
273	细石混凝土	C20，40mm	145.1388	m³	0.248	35.99
274	钢筋		573.234	t	2.31	1324.17
275	预埋铁件		3.54	t	2.19	7.75
276	木质门		207.36	m²	0.0483	10.02
277	钢质防火门	乙级	100.28	m²	0.0439	4.40
278	钢质防火门	甲级	48.3	m²	0.0483	2.33
279	钢质防火门	丙级	17.64	m²	0.0351	0.62

续表

序号	建材种类	材料描述	用量	单位	生产因子 （tCO₂e/单位用量）	碳排放量 （tCO₂e）
280	金属窗		1363.68	m²	0.0463	63.14
281	金属百叶窗		6.4	m²	0.0463	0.30
282	带骨架幕墙		210.0956	m²	0.386	81.10
283	聚氨酯防水涂料	1.5mm	9.071175	t	6.55	59.42
284	聚合物水泥防水涂料	2mm	0.42	t	6.55	2.75
285	防霉涂料		0.028	t	6.55	0.18
286	塑性体改性沥青防水卷材	3mm	3628.47	m²	0.0023	8.35
287	挤塑聚苯板	60mm	217.7082	m³	0.0227	4.94
288	抛光通体砖	800mm×800mm	11659.88	m²	0.0195	227.37
289	防滑地砖	600mm×600mm	630.46	m²	0.0195	12.29
290	防静电地板		8.57	m²	0.0195	0.17
291	地砖踢脚线	5~10mm	509.41	m²	0.0195	9.93
292	广场砖		21.51	m²	0.0195	0.42
293	面砖	300mm×600mm	168	m²	0.0195	3.28
294	轻钢雨篷		68.23	m²	0.121	8.26
295	不锈钢栏杆		647.6	m	0.02498	16.18
296	无障碍护栏		12.5	m	0.02498	0.31
297	岩棉	50mm	0.4608	t	1.98	0.91
298	水泥		134.0814	t	0.977	131.00
299	生石灰		4.721733	t	1.75	8.26
300	松木板枋材		122.099	m³	0.139	16.97
301	夹胶玻璃	8+1.52pvb+8	2.81108	t	1.13	3.18
302	钢化中空玻璃	6+12A+6	109.2309	t	1.13	123.43
303	醇酸清漆		0.853884	kg	6.55	5.59
304	乳胶漆		43.30657	t	6.55	283.66
305	红丹防锈漆		1.933994	t	6.55	12.67
306	石油沥青		599.103	kg	0.00282	1.69
307	水		3799.512	m³	0.000168	0.64
308	汽油		1398.341	kg	0.06791	94.96
309	柴油		5893.287	kg	0.07259	427.79
310	中砂		42.7805	t	0.0023	0.10
311	加气混凝土砌块		805.027	m³	0.341	274.51
312	零星砌砖		28.662	m³	0.204	5.85
313	砖砌块		863.878	m³	0.204	176.23

续表

序号	建材种类	材料描述	用量	单位	生产因子 （tCO$_2$e/ 单位用量）	碳排放量 （tCO$_2$e）
314	钢丝网		2858.466	m^2	2.19	6260.04
315	止水钢板	3×300mm	1225.143	m^2	2.19	2683.06
316	混凝土	C50	1460.755	m^3	0.385	562.39
317	混凝土	C40	210.136	m^3	0.308	64.72
318	混凝土	C35	6103.728	m^3	0.308	1879.95
319	混凝土	C30	11558.43	m^3	0.295	3409.74
320	混凝土	C25	68.674	m^3	0.248	17.03
321	混凝土		2154.971	m^3	0.248	534.43
322	混凝土保护层	50mm	39910.44	m^3	0.248	9897.79
323	细石混凝土	C20，70mm	653.0080	m^3	0.248	161.95
324	细石混凝土	50mm	6.55215	m^3	0.248	1.62
325	钢筋		2218.268	t	2.31	5124.20
326	预埋铁件		2.041	t	2.19	4.47
327	钢质防火门	乙级	48.787	m^2	0.0439	2.14
328	钢质防火门	甲级	141.788	m^2	0.0483	6.85
329	钢质防火门	丙级	9.148	m^2	0.0351	0.32
330	消防防火卷帘		179.685	m^2	0.0351	6.31
331	防水涂料	2mm	1.90956	t	6.55	12.51
332	防霉涂料		94.58368	t	6.55	619.52
333	SBS 改性沥青耐根穿刺防水卷材	4mm	49807.92	m^2	0.0023	114.56
334	塑性体改性沥青防水卷材	3mm	13737.14	m^2	0.0023	31.60
335	挤塑聚苯板	60mm	203.4316	m^3	0.0227	4.62
336	通体砖	600mm×600mm	500.95	m^2	0.0195	9.77
337	防滑地砖	600mm×600mm	808.769	m^2	0.0195	15.77
338	地砖踢脚线	5～10mm	56.694	m^2	0.0195	1.11
339	防静电地板		101.834	m^2	0.0195	1.99
340	石灰膏砂浆	10mm	1.963592	m^2	0.0328	0.06
341	石膏板吊顶		0.239411	m^2	0.0328	0.01
342	穿孔吸音复合板	600mm×600mm×15mm	13.53399	m^3	0.139	1.88
343	不锈钢栏杆		138.545	m	0.02498	3.46
344	止水钢板（成品）	3×400mm	40.39296	t	2.05	82.81
345	铁件（综合）		2.839007	t	2.19	6.22
346	水泥		48.58786	t	0.977	47.47
347	砂子（粗砂）		455.464	t	0.0023	1.05

序号	建材种类	材料描述	用量	单位	生产因子 （tCO₂e/ 单位用量）	碳排放量 （tCO₂e）
348	水		1.04	m³	0.000168	0.00
349	汽油		5252.361	kg	0.06791	356.69
350	柴油		108796.6	kg	0.07259	7897.55
351	中砂		8.6649	t	0.0023	0.02
合计						93908.76

3. 建材运输阶段碳排放计算

建材运输阶段碳排放计算如表 4-4、表 4-5 所示。

体育场建材运输阶段碳排放计算表　　表 4-4

序号	建材种类	用量	单位	运输方式	运输因子 [tCO₂e/（t·km）]	运输距离 （km）	碳排放量 （tCO₂e）
1	水泥砂浆	547.35	m³	轻型汽油货车运输 （载重 2t）	3.34×10^{-4}	500.00	164.53
2	钢筋混凝土	4070.82	m³	轻型汽油货车运输 （载重 2t）	3.34×10^{-4}	500.00	679.83
3	抗裂砂浆（网格布）	34.74	m³	轻型汽油货车运输 （载重 2t）	3.34×10^{-4}	500.00	10.44
4	无机轻集料保温浆料 Ⅱ型	119.08	t	轻型汽油货车运输 （载重 2t）	3.34×10^{-4}	500.00	19.89
5	聚合物水泥防水砂浆	125.05	t	轻型汽油货车运输 （载重 2t）	3.34×10^{-4}	500.00	20.88
6	界面处理剂	12.51	t	轻型汽油货车运输 （载重 2t）	3.34×10^{-4}	500.00	2.09
7	加气混凝土砌块 （B05 级）	1124.11	m³	轻型汽油货车运输 （载重 2t）	3.34×10^{-4}	500.00	93.86
8	不隔热金属型材 K_f=10.8W/（m²·K） 框面积 15%	63.46	m²	轻型汽油货车运输 （载重 2t）	3.34×10^{-4}	500.00	2.00
9	3mm 透明玻璃	2.70	t	轻型汽油货车运输 （载重 2t）	3.34×10^{-4}	500.00	0.45
10	金属框单层实体门	163.85	m²	轻型汽油货车运输 （载重 2t）	3.34×10^{-4}	500.00	5.17
11	加气混凝土砌块 （B07 级）	1012.95	m³	轻型汽油货车运输 （载重 2t）	3.34×10^{-4}	500.00	118.41
12	细石混凝土	435.98	m³	轻型汽油货车运输 （载重 2t）	3.34×10^{-4}	40.00	14.56
13	挤塑聚苯乙烯泡沫板	13.72	t	轻型汽油货车运输 （载重 2t）	3.34×10^{-4}	500.00	2.29

续表

序号	建材种类	用量	单位	运输方式	运输因子 [tCO₂e/(t·km)]	运输距离 (km)	碳排放量 (tCO₂e)
14	轻集料混凝土清捣	307.58	t	轻型汽油货车运输（载重2t）	3.34×10^{-4}	40.00	4.11
15	夯实黏土（ρ=1800kg/m³）	1752.64	t	轻型汽油货车运输（载重2t）	3.34×10^{-4}	500.00	292.69
16	外窗	41.92	m²	轻型汽油货车运输（载重2t）	3.34×10^{-4}	500.00	1.32
17	玻璃	—	t	轻型汽油货车运输（载重2t）	3.34×10^{-4}	500.00	—
18	岩棉板	5.12	t	轻型汽油货车运输（载重2t）	3.34×10^{-4}	500.00	0.85
19	合计	—	—	—	—	—	1433.39

综合楼建材运输阶段碳排放计算表　　　　　　　表 4-5

序号	建材名称	用量	单位	运输方式	运输因子 [tCO₂e/(t·km)]	运输距离 (km)	碳排放量 (tCO₂e)
1	水泥砂浆	1275.39	m³	轻型汽油货车运输（载重2t）	3.34×10^{-4}	500.00	383.38
2	蒸压砂加气混凝土砌块	6376.93	m³	轻型汽油货车运输（载重2t）	3.34×10^{-4}	500.00	745.46
3	抗裂砂浆（网格布）	222.27	m³	轻型汽油货车运输（载重2t）	3.34×10^{-4}	500.00	66.81
4	无机活性保温砂浆Ⅱ型	307.79	t	轻型汽油货车运输（载重2t）	3.34×10^{-4}	500.00	51.40
5	水泥砂浆	7261.68	m³	轻型汽油货车运输（载重2t）	3.34×10^{-4}	500.00	2182.86
6	钢筋混凝土	38696.54	m³	轻型汽油货车运输（载重2t）	3.34×10^{-4}	40.00	1292.46
7	金属框单层实体门	4142.48	m²	轻型汽油货车运输（载重2t）	3.34×10^{-4}	500.00	130.75
8	不隔热金属型材 K_f=10.8W/(m²·K) 框面积15%	74.66	m²	轻型汽油货车运输（载重2t）	3.34×10^{-4}	500.00	2.36
9	3mm 透明玻璃	3.17	t	轻型汽油货车运输（载重2t）	3.34×10^{-4}	500.00	0.53
10	隔热金属型材 K_f=5.8W/(m²·K) 框面积20%	4338.64	m²	轻型汽油货车运输（载重2t）	3.34×10^{-4}	500.00	136.94
11	6 中透光 Low-E+12 空气 +6 透明	520.64	t	轻型汽油货车运输（载重2t）	3.34×10^{-4}	500.00	86.95
12	矿棉、岩棉、玻璃棉板（ρ=80~200kg/m³）	60.77	t	轻型汽油货车运输（载重2t）	3.34×10^{-4}	500.00	10.15

续表

序号	建材名称	用量	单位	运输方式	运输因子 [tCO₂e/（t·km）]	运输距离 （km）	碳排放量 （tCO₂e）
13	加气混凝土砌块 （B05 级）	2893.70	m³	轻型汽油货车运输 （载重 2t）	3.34×10^{-4}	500.00	253.70
14	保温门	229.23	m²	轻型汽油货车运输 （载重 2t）	3.34×10^{-4}	500.00	7.24
15	碎石、卵石混凝土 （ρ=2300kg/m³）	2212.39	t	轻型汽油货车运输 （载重 2t）	3.34×10^{-4}	40.00	29.56
16	挤塑聚苯乙烯泡沫塑料（带表皮）	34.63	t	轻型汽油货车运输 （载重 2t）	3.34×10^{-4}	500.00	5.78
合计	—	—	—	—	—	—	5386.34

4. 建材生产阶段与运输阶段碳排放合计

建材生产阶段与运输阶段碳排放合计如表 4-6 所示。

建材生产阶段及运输阶段碳排放合计　　　表 4-6

类别	楼栋	碳排放量（tCO₂e）
生产阶段	体育场	36370.81
	综合楼	93908.75
	合计	130279.56
运输阶段	体育场	1433.39
	综合楼	5386.34
	合计	6819.73

4.2.1.5　建造阶段

该项目中的施工碳排放数据根据占比估算方法计算得出建造阶段碳排放量。

该工程全生命周期总碳排放量预估值为 303182.93tCO₂e，建造阶段碳排放在总排放中的占比为 1.00%，计算可得拆除阶段碳排放量为 2972.38tCO₂e。

4.2.1.6　运行阶段

建筑的使用寿命按《建筑碳排放计算标准》GB/T 51366—2019 第 4.1.2 条确定。碳排放计算中采用的建筑设计寿命应与设计文件一致，该项目使用寿命按 50 年计算。

1. 运行数据

该项目运行数据根据建筑节能、绿色建筑评价标准相关要求，对建筑中供暖、空调、照明等能耗进行模拟，得到建筑能耗数据，建筑设计相关参数如下：

1）体育场建筑围护结构构造做法

（1）屋顶构造：屋面一（由外到内）

加草黏土（ρ=1600kg/m³）400mm+ 水泥砂浆 20mm+ 水泥砂浆 20mm+ 泡沫混

凝土（ρ=730kg/m³）50mm+ 钢筋混凝土 200mm+ 矿棉、岩棉、玻璃棉板（ρ=80 ~ 200kg/m³）70mm+ 粉刷石膏抹灰压入网格布 5mm。

（2）屋顶构造：屋面二（由外到内）

碎石、卵石混凝土（ρ=2300kg/m³）40mm+ 水泥砂浆 10mm+ 水泥砂浆 20mm+ 钢筋混凝土 100mm+ 水泥砂浆 20mm+ 挤塑聚苯板（ρ=25 ~ 32kg/m³）70mm+ 水泥砂浆 15mm。

（3）屋顶构造：屋面三（由外到内）

碎石、卵石混凝土（ρ=2300kg/m³）40mm+ 水泥砂浆 10mm+ 挤塑聚苯板（ρ=25 ~ 32kg/m³）65mm+ 水泥砂浆 20mm+ 泡沫混凝土（ρ=730kg/m³）30mm+ 钢筋混凝土 100mm+ 水泥砂浆 15mm。

（4）外墙构造：外墙（由外到内）

抗裂砂浆（网格布）5mm+ 无机轻集料保温浆料Ⅱ型 30mm+ 聚合物水泥防水砂浆 10mm+ 界面处理剂 1mm+ 加气混凝土砌块（B05）200mm+ 无机轻集料保温浆料Ⅱ型 10mm+ 水泥砂浆 10mm。

（5）挑空楼板构造：架空楼板（由外到内）

水泥砂浆 20mm+ 无机轻集料保温浆料Ⅱ型 25mm+ 钢筋混凝土 100mm+ 矿棉、岩棉、玻璃棉板（ρ=80 ~ 200kg/m³）65mm+ 粉刷石膏抹灰压入网格布 5mm。

（6）外窗构造：普通铝合金白玻 6 low-E+12A+6 透明中空玻璃窗

传热系数 2.800 W/（m²·K），自身遮阳系数 0.480

2）综合楼建筑围护结构构造做法

（1）屋顶构造：上人保温平屋顶构造（由上到下）

C20 细石混凝土（ρ=2300kg/m³）40mm+ 挤塑聚苯板（ρ=25 ~ 32kg/m³）72mm+ 自粘防水卷材 3mm+C20 细石混凝土（ρ=2300kg/m³）30mm+ 钢筋混凝土 120mm+ 水泥砂浆 20mm。

（2）外墙：

①外墙构造二（由外到内）

抗裂砂浆（网格布）5mm+ 无机活性保温砂浆Ⅱ型 30mm+ 水泥砂浆 20mm+ 加气混凝土砌块（B05级）200mm+ 水泥砂浆 20mm。

②外墙构造一（由外到内）

抗裂砂浆（网格布）5mm+ 矿棉、岩棉、玻璃棉板（ρ=80 ~ 200kg/m³）30mm+ 水泥砂浆 20mm+ 加气混凝土砌块（B05级）200mm+ 水泥砂浆 20mm。

（3）热桥梁：热桥梁构造一（由外到内）

抗裂砂浆（网格布）5mm+ 无机活性保温砂浆Ⅱ型 30mm+ 水泥砂浆 20mm+ 钢筋混凝土 200mm+ 水泥砂浆 20mm。

（4）外窗：普通隔热铝合金 6mm 中空透光 Low-E+12mm 空气 +6 透明

传热系数 2.300 W/（m²·K），自身遮阳系数 0.402。

（5）幕墙：普通隔热铝合金 6mm 中空透光 Low-E+12mm 空气 +6 透明
传热系数 2.300 W/（m² · K），自身遮阳系数 0.402。

2. 运行阶段能源使用

（1）空调供暖能耗

①空调系统类型

体育场项目的空调系统形式主要为定风量空调系统，具体的系统划分方式见表 4-7。综合楼项目的空调系统形式主要为两管制风机盘管加独立新风，具体的系统划分方式见表 4-8。

体育场空调系统参数　　　　　　　　　　　　　　表 4-7

系统名称	设计建筑系统
空调系统	多联机空调系统，制冷 COP 9.00，制热 COP 9.00

综合楼空调系统参数　　　　　　　　　　　　　　表 4-8

系统名称	设计建筑系统
空调系统 1-26	多联机空调系统，制冷 COP 8.50，制热 COP 8.50

②冷热源系统（表 4-9、表 4-10）

体育场冷热源机组性能参数设置　　　　　　　　　　表 4-9

设备	设计建筑
多联式空调（热泵）机组 1	热源多联式空调（热泵）机组 1，性能系数 / 热效率为 9.00，单台制热量为 110.20kW 的多联式空调（热泵）机组
多联式空调（热泵）机组 2	冷源多联式空调（热泵）机组 2，性能系数为 9.00，单台制冷量为 98.20kW 的多联式空调（热泵）机组

综合楼冷热源机组性能参数设置　　　　　　　　　　表 4-10

设备	设计建筑
多联式空调（热泵）机组 1	热源多联式空调（热泵）机组 1，性能系数 / 热效率为 9.00，单台制热量为 150.00kW 的多联式空调（热泵）机组
多联式空调（热泵）机组 2	冷源多联式空调（热泵）机组 2，性能系数为 9.00，单台制冷量为 120.00kW 的多联式空调（热泵）机组

③建筑全年累计负荷计算结果

根据《民用建筑绿色性能计算标准》JGJ/T 449—2018 第 5.3.5 条的要求，当设计建筑采用热回收技术等节能措施时，设计建筑的冷热源、输配和末端能耗应按实际设计方案计算能耗，参照建筑的能耗应按未设置相应节能措施进行计算。建筑各系统负荷计算结果如表 4-11、表 4-12 所示。

体育场系统负荷计算结果汇总（全年累计）　　表 4-11

系统名称	面积（m²）	设计建筑（kWh）	
		累计热负荷	累计冷负荷
空调系统 1	6083.10	199627.99	216702.88
汇总	6083.10	199627.99	216702.88

综合楼系统负荷计算结果汇总（全年累计）　　表 4-12

系统名称	面积（m²）	设计建筑（kWh）	
		累计热负荷	累计冷负荷
空调系统 1	11624.51	374270.21	344622.97
空调系统 2	11658.67	247487.46	436892.13
空调系统 3	10955.22	250609.16	461782.68
空调系统 4	11009.21	176203.44	322775.38
空调系统 5	9283.31	201676.38	312685.34
空调系统 6	3825.41	89677.95	162337.93
空调系统 7	3868.93	102018.23	155723.98
空调系统 8	4521.72	150780.13	224766.47
空调系统 9-14	4521.72	129392.40	214902.22
空调系统 15	4521.72	130199.36	214359.31
空调系统 16	4586.02	154295.63	234104.76
空调系统 17	1957.86	44044.33	75323.89
空调系统 18	1610.24	44491.96	76161.92
空调系统 19	1607.24	43964.53	75304.41
空调系统 20	1607.24	43948.61	75324.02
空调系统 21	1607.24	43965.56	75327.13
空调系统 22	1606.66	44100.36	75348.28
空调系统 23	1606.66	44721.70	76080.86
空调系统 24	1606.66	44907.23	74805.27
空调系统 25	1615.13	52739.31	81367.60
空调系统 26	216.52	0.00	0.00
汇总	118026.50	3060455.95	4844507.64

④供暖空调能耗汇总（表 4-13 ~ 表 4-15）

体育场系统负荷计算结果汇总　　表 4-13

能耗类型		设计建筑
供暖机组能耗（kWh）	E_{1h}	22180.89
空调机组能耗（kWh）	E_{1c}	24078.10
全年总能耗（kWh）	B_1	46258.99
单位面积全年能耗数据（kWh/m²）	B_1/A	7.37

综合楼系统负荷计算结果汇总　　表 4-14

能耗类型	设计建筑	
供暖机组能耗（kWh）	E_{1h}	360053.64
空调机组能耗（kWh）	E_{1c}	569942.08
全年总能耗（kWh）	B_1	929995.72
单位面积全年能耗数据（kWh/m²）	B_1/A	7.72

空调系统能耗汇总（体育场、综合楼）　　表 4-15

建筑类型	全年总能耗（kWh/a）	全生命周期碳排放量（tCO₂e）
体育场	46258.99	1343.82
综合楼	929995.72	27016.38
合计	976254.71	28360.2

（2）照明能耗（表 4-16）

照明能耗汇总（体育场、综合楼）　　表 4-16

建筑类型	全年总能耗（kWh/a）	全生命周期碳排放量（tCO₂e）
体育场	74765.27	2171.93
综合楼	1599967.72	46479.06
合计	1674732.99	48650.99

（3）设备插座能耗（表 4-17 ~ 表 4-19）

体育场设备插座能耗汇总　　表 4-17

房间类型	房间个数（个）	设计建筑	
		设备功率密度（W/m²）	房间面积（m²）
其他	40	0.00	2189.56
舞蹈教室	7	5.00	3582.10
普通办公室	3	15.00	163.58
走道、楼梯间	1	15.00	147.85
全年总能耗（kWh/a）	51998.28		

综合楼设备插座能耗汇总　　表 4-18

房间类型	房间个数（个）	设计建筑	
		设备功率密度（W/m²）	房间面积（m²）
其他	430	0.00	35247.63
普通办公室	6	15.00	896.25
服务大厅、营业厅	6	15.00	6375.18

房间类型	房间个数（个）	设计建筑	
		设备功率密度（W/m²）	房间面积（m²）
会议室	2	15.00	2397.91
教室、阅览室	265	5.00	70227.65
报告厅	2	5.00	3424.25
全年总能耗（kWh/a）		1179661.60	

设备插座能耗汇总（体育场、综合楼）　　　　表 4-19

建筑类型	全年总能耗（kWh/a）	全生命周期碳排放量（tCO₂e）
体育场	51998.28	1510.55
综合楼	1179661.60	34269.17
合计	1231659.88	35779.72

（4）电梯能耗（表 4-20、表 4-21）

电梯能耗汇总（体育场、综合楼）　　　　表 4-20

名称	台数（台）	单台电梯能耗（kWh/a）	电梯总能耗（kWh/a）	计算依据
默认直梯 1	2	5989.72	11979.44	《电梯技术条件》GB/T 10058—2009
默认直梯 2	6	10514.95	63089.7	《电梯技术条件》GB/T 10058—2009
默认直梯 3	3	8453.03	25359.09	《电梯技术条件》GB/T 10058—2009
默认直梯 4	4	8480.52	33922.08	《电梯技术条件》GB/T 10058—2009
合计			134350.31	

电梯系统能耗汇总（体育场、综合楼）　　　　表 4-21

建筑类型	全年总能耗（kWh/a）	全生命周期碳排放量（tCO₂e）
体育场	—	—
综合楼	134350.31	3902.88
合计	134350.31	3902.88

（5）通风系统能耗（表 4-22 ~ 表 4-24）

体育场通风系统能耗　　　　表 4-22

序号	风机系统名称	总送风量（m³/h）	风机台数（台）	同时使用系数（0 ~ 1）	风机风压（Pa）	电机及传动效率（0 ~ 1）	风机效率（0 ~ 1）	年运行时间（h/a）	通风系统能耗（kWh/a）
1	通风机 1	66600.00	1	0.50	630.00	0.80	0.52	6000.00	470755.54
2	通风机 2	12082.00	1	0.50	500.00	0.80	0.52	6000.00	67778.12

续表

序号	风机系统名称	总送风量（m³/h）	风机台数（台）	同时使用系数（0~1）	风机风压（Pa）	电机及传动效率（0~1）	风机效率（0~1）	年运行时间（h/a）	通风系统能耗（kWh/a）
3	通风机 3	10379.00	1	0.50	500.00	0.80	0.52	6000.00	58224.55
4	通风机 4	1346.00	1	0.50	100.00	0.80	0.52	6000.00	1510.17
5	通风机 5	4000.00	1	0.50	220.00	0.80	0.52	6000.00	9873.32

综合楼通风系统能耗　　　表 4-23

序号	风机系统名称	总送风量（m³/h）	风机台数（台）	同时使用系数（0~1）	风机风压（Pa）	电机及传动效率（0~1）	风机效率（0~1）	年运行时间（h/a）	通风系统能耗（kWh/a）
1	通风机 1	36000.00	4	0.50	950.00	0.80	0.70	6000.00	1140176.43
2	通风机 2	31200.00	2	0.50	660.00	0.80	0.70	6000.00	343253.11
3	通风机 3	20000.00	1	0.50	400.00	0.80	0.70	6000.00	66676.98
4	通风机 4	1000.00	1	0.50	54.00	0.80	0.70	6000.00	450.07

通风系统能耗汇总（体育场、综合楼）　　　表 4-24

建筑类型	全年总能耗（kWh/a）	全生命周期碳排放量（tCO₂e）
体育场	608141.7	17666.52
综合楼	1550556.59	45043.67
合计	2158698.29	62710.19

（6）可再生能源供电量

从原理上来说，太阳能、地热能、风能等可再生能源在建筑供热、制冷、发电等方面的利用，可降低建筑对电网供电的需求，从而降低建筑实际碳排放。

该项目在综合楼屋面设置太阳能光伏发电板，如表 4-25、图 4-4 所示。

光伏板参数　　　表 4-25

电池板类型	多晶硅
峰值功率（Wp）	320.00
组件数量	497
组件容量（kW）	144.6
安装方式	固定安装
光电转换效率（%）	19.68
逆变器效率（%）	98.80
逆变器功率（Wp）	20000.00
线路损耗（%）	1.00
光伏板污染损耗（%）	1.00
修正损耗（%）	1.00
光电转换效率（%）	19.68

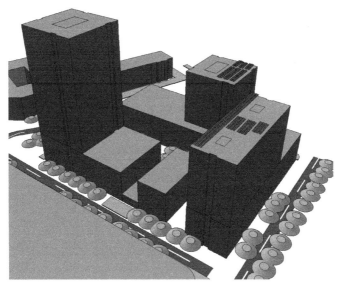

图 4-4　太阳能光伏板布置示意图

光伏发电量计算结果见表 4-26、表 4-27、图 4-5、图 4-6。

光伏发电量统计　　　　　　　　　　　表 4-26

时间段	太阳能总辐照量（MJ）	交流发电量（kWh）	占总百分比（%）
1 月	125882.81	6589.07	4.22
2 月	137742.47	7209.84	4.62
3 月	218676.92	11446.18	7.34
4 月	255987.38	13399.11	8.59
5 月	283801.28	14854.97	9.52
6 月	249326.62	13050.47	8.37
7 月	338803.84	17733.96	11.37
8 月	373436.04	19546.71	12.53
9 月	289350.36	15145.43	9.71
10 月	298683.06	15633.93	10.02
11 月	209385.81	10959.85	7.03
12 月	198643.95	10397.59	6.67
1 月 1 日～12 月 31 日	2979720.54	155967.10	100.00
总发电量	155967.10 kWh		

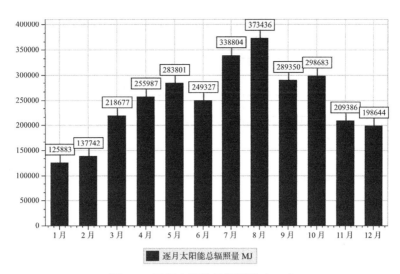

图 4-5 逐月太阳能总辐照量（MJ）

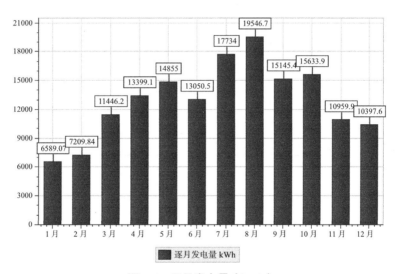

图 4-6 逐月发电量（kWh）

光伏发电系统 表 4-27

年总辐射量 （kWh/m²）	年光伏发电量 （kWh）	碳排放因子 （tCO₂e/ 单位用量）	全生命周期碳减排量 （tCO₂e）
2979720.54	155967.1	0.000581	4530.84

（7）建筑维护

该项目未考虑维护导致的碳排放。

（8）建筑碳汇

该项目场地面积 93731.01m²，绿化率 14.66%。按照苗木表数据，绿化碳汇碳减排量计算结果如表 4-28、表 4-29 所示。

绿化碳汇碳减排量计算结果表（体育场、综合楼）　表 4-28

乔木碳汇碳减排量统计表

序号	名称	冠幅（cm）	面积（m²）	数量	年 CO_2 固定量 [$tCO_2e/（m^2·a）$]	种植时长（年）	碳减排量（tCO_2e）
1	茶花	200～250	4.90625	53	0.015	50	195.02
2	丛生朴树	500～600	28.26	3	0.015	50	63.59
3	朴树 A	450～500	19.625	4	0.015	50	58.88
4	朴树 B	400～450	15.89625	17	0.015	50	202.68
5	乌桕	400～450	15.89625	16	0.015	50	190.76
6	栾树	400-450	15.89625	27	0.015	50	321.90
7	香樟 B	350～400	12.56	15	0.015	50	141.30
8	香樟 C	300～350	9.61625	50	0.015	50	360.61
9	榉树	400～450	15.89625	2	0.015	50	23.84
10	银杏	350～400	12.56	40	0.015	50	376.80
11	五角枫	400～450	15.89625	56	0.015	50	667.64
12	女贞	300～350	9.61625	32	0.015	50	230.79
13	日本晚樱 A	350～400	12.56	79	0.015	50	744.18
14	日本晚樱 B	250～300	7.065	25	0.015	50	132.47
15	桂花 A	400～420	13.8474	4	0.015	50	41.54
16	桂花 B	300～320	8.0384	4	0.015	50	24.12
17	桂花 C	250～280	6.1544	47	0.015	50	216.94
18	垂丝海棠	150～180	2.5434	90	0.015	50	171.68
19	金枝槐	180～200	3.14	4	0.015	50	9.42
20	羽毛枫	200～250	4.90625	5	0.015	50	18.40
21	紫叶李	200～250	4.90625	59	0.015	50	217.10
22	红叶石楠 A	250～300	7.065	4	0.015	50	21.20
23	红叶石楠 B	200～250	4.90625	7	0.015	50	25.76
24	二乔玉兰	200～250	4.90625	53	0.015	50	195.02
25	小叶紫薇	200～250	4.90625	101	0.015	50	371.65
26	杨梅	250	4.90625	1	0.015	50	3.68
27	腊梅	200	3.14	78	0.015	50	183.69
28	木芙蓉	150～200	3.14	45	0.015	50	105.98
29	木槿	130～150	2.0096	27	0.015	50	40.69
30	红花继木球 A	150～160	2.0096	4	0.015	50	6.03
31	红花继木球 B	120～130	1.32665	6	0.015	50	5.97
32	亮金女贞球 A	150～160	2.0096	12	0.015	50	18.09

续表

序号	名称	冠幅（cm）	面积（m²）	数量	年 CO_2 固定量 [$tCO_2e/（m^2 \cdot a$)]	种植时长（年）	碳减排量（tCO_2e）
					乔木碳汇碳减排量统计表		
33	亮金女贞球 B	120～130	1.32665	18	0.015	50	17.91
34	红叶石楠球 B	150～160	2.0096	8	0.015	50	12.06
35	红叶石楠球 C	120～130	1.32665	4	0.015	50	3.98
36	龟甲冬青球	120～130	1.32665	12	0.015	50	11.94
合计							5433.29

序号	名称	面积（m²）	年 CO_2 固定量 [$tCO_2e/（m^2 \cdot a$)]	种植时长（年）	碳减排量（tCO_2e）
		灌木碳汇碳减排量统计表			
1	肾蕨	33	0.0075	50	12.38
2	红花继木	451	0.0075	50	169.13
3	小叶栀子	374	0.0075	50	140.25
4	金叶女贞	560	0.0075	50	210.00
5	海桐	184	0.0075	50	69.00
6	瓜子黄杨	134	0.0075	50	50.25
7	大吴风草	174	0.0075	50	65.25
8	西洋杜鹃	129	0.0075	50	48.38
9	鸢尾	85.8	0.0075	50	32.18
10	毛杜鹃	248.8	0.0075	50	93.30
11	金丝桃	210	0.0075	50	78.75
12	花叶鹅掌柴	321	0.0075	50	120.38
13	紫花翠芦莉	340	0.0075	50	127.50
14	花叶美人蕉	113	0.0075	50	42.38
15	八角金盘	211	0.0075	50	79.13
16	三色堇	21.1	0.0075	50	7.91
17	玉簪	50.7	0.0075	50	19.01
18	波斯菊	6.6	0.0075	50	2.48
19	一串红	5	0.0075	50	1.88
20	洋凤仙	7.6	0.0075	50	2.85
21	珍珠绣线菊	2.6	0.0075	50	0.98
22	大叶黄杨	313	0.0075	50	117.38
23	紫叶小檗	9	0.0075	50	3.38
24	千屈菜	4.9	0.0075	50	1.84

续表

灌木碳汇碳减排量统计表					
序号	名称	面积（m²）	年CO_2固定量 [$tCO_2e/(m^2 \cdot a)$]	种植时长（年）	碳减排量（tCO_2e）
25	茶梅	114	0.0075	50	42.75
26	百子莲	12.3	0.0075	50	4.61
27	红花月季	24.9	0.0075	50	9.34
28	银姬小蜡	12	0.0075	50	4.50
29	春鹃	21	0.0075	50	7.88
30	花叶玉簪	31	0.0075	50	11.63
31	金边黄杨	153	0.0075	50	57.38
32	红叶石楠	64	0.0075	50	24.00
33	八仙花	1.4	0.0075	50	0.53
34	银边麦冬	88	0.0075	50	33.00
35	萱草	2.2	0.0075	50	0.83
36	一品红	3.8	0.0075	50	1.43
37	细叶麦冬	3.2	0.0075	50	1.20
38	菖蒲	2.1	0.0075	50	0.79
39	金边玉簪	5.3	0.0075	50	1.99
40	金边麦冬	1.7	0.0075	50	0.64
41	鼠尾草	7.9	0.0075	50	2.96
合计					1701.34

草坪碳汇碳减排量统计表					
序号	名称	面积（m²）	年CO_2固定量 [$tCO_2e/(m^2 \cdot a)$]	种植时长（年）	碳减排量（tCO_2e）
1	草坪	9300	0.0005	50	232.5

建筑碳减排量汇总（体育场、综合楼）　　　　表4-29

种类	全生命周期碳减排量（tCO_2e）
乔木	5433.29
灌木	1701.34
草坪	232.5
合计	7367.13

（9）建筑运行阶段碳排放情况

建筑运行阶段碳排放计算结果如表4-30所示。

建筑运行阶段碳排放计算结果表（体育场、综合楼）　　表 4-30

能耗类型	全生命周期碳排放量（tCO$_2$e）
空调系统	28360.2
照明	48650.99
设备	35779.72
电梯	3902.88
通风机	62710.19
太阳能	−4530.84
绿化碳汇	−7367.13
合计	167506.01

注：表中不同能源形式对应的用量单位如下：汽油（kg）、柴油（kg）、燃料油（kg）、原煤（kg）、天然气（m³）。

4.2.1.7　拆除与回收阶段

1. 拆除阶段

因为无明确的建筑拆除数据，该报告中的拆除数据根据占比估算方法，预估拆除阶段的工程量或者单位面积碳排放数据。

该工程全生命周期总碳排放量预估值为 303182.93tCO$_2$e，拆除阶段碳排放在总排放中的占比为 1.00%，计算可得拆除阶段碳排放量为 2972.38tCO$_2$e。

2. 回收阶段

因维修或更换设备设施情况对建筑碳排放影响较小，根据实际经验数据统计，其在建筑碳排放总量中的占比不足 1%，且无确定数据来源，因此维修或更换设备设施情况带来的碳排放不作统计。该项目未计算该阶段碳排放。

4.2.1.8　结果汇总

建筑全生命周期碳排放情况汇总如表 4-31、图 4-7 所示。

碳排放量计算结果汇总（体育场、综合楼）　　表 4-31

名称	碳排放量（tCO$_2$e）	占比
建材生产阶段	130279.56	40.40%
建材运输阶段	6819.73	2.11%
建造阶段	2972.38	0.92%
运行阶段	179403.98	55.65%
拆除阶段	2972.38	0.92%
可再生能源—太阳能	−4530.84	—
绿化碳汇	−7367.13	—
合计	310550.06	100%

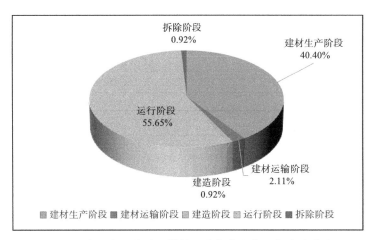

图 4-7　南昌市红谷滩区某校园建筑全生命周期碳排放量

4.2.1.9　主要减碳技术措施

该工程采用的降低碳排放的主要技术措施包括：

1. 围护结构优化

围护结构热工性能相比《公共建筑节能设计标准》GB 50189—2015 的规定提升了 10%。

2. 高效设备

该项目的照明光源以 LED 灯、T5 直管形三基色荧光灯、紧凑型节能荧光灯为主。T5 直管形三基色荧光灯和紧凑型节能荧光灯均采用高品质电子镇流器，既提高了功率因数，又降低了能耗，功率因数应达到 0.90 以上。采用的镇流器应符合该产品的国家能效标准。

该项目采用了 SCB13 型三相配电变压器。

供暖空调系统的冷、热源机组能效均优于现行国家标准《公共建筑节能设计标准》GB 50189 的规定以及现行有关国家标准能效限定值的要求。制冷综合性能系数 [IPLV（C）] 提高了 16%。

3. 使用可再生能源

在综合楼屋面设置太阳能光伏发电板，装机容量 144.6kW，年均发电约 155967.1kWh。

4. 设置能耗监测系统

该项目设置了能耗监测系统，对照明插座、空调系统、动力系统、专业设备等能耗分项计量、能耗数据采集、存储分析。

4.2.2　公共建筑案例——辽宁省朝阳市万达商业广场

4.2.2.1　项目概况

该项目的研究对象是朝阳万达商业广场，该建筑建设地块位于辽宁省朝阳市

（图 4-8）。项目总用地面积 51100.0m^2，总建筑面积 97000m^2，地上建筑面积 90000m^2，地下建筑面积 7000m^2。包括地上 5 层，第五层为辅助用房夹层，地下 1 层。商场呈矩形，地上部分主要功能为商铺、餐饮、次主力店、影城、电玩、超市等；地下部分主要功能为设备机房。

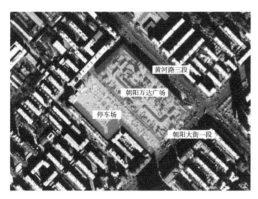

图 4-8　朝阳万达商业广场项目位置情况

4.2.2.2　建筑物化阶段碳排放量

1. 建材生产阶段碳排放量

当不考虑建材回收系数时，建材生产阶段碳排放总量为 42662.554 t；当考虑部分建材回收系数后，建材生产阶段碳排放总量为 35624.491 t，具体各材料用量如表 4-32 所示，建材生产阶段碳排放量汇总表如表 4-33 所示。

建材生产阶段碳排放量计算表（朝阳万达商业广场）　　　表 4-32

材料类别	材料名称	单位	工程量	碳排放因子（tCO$_2$/t）	回收系数	碳排放量（tCO$_2$）
钢筋	Ⅰ级、Ⅱ级、Ⅲ级	t	7365.19	2.210	0.4	9366.24
混凝土	C15	t	11591.07	0.114	0	1321.38
	C20	t	17790.48	0.091	0	1618.93
	C25	t	1040.01	0.115	0	119.60
	C30	t	94199.48	0.140	0	13187.93
	C35	t	4296.75	0.149	0	640.22
	C40	t	17285.92	0.170	0	2938.61
	C45	t	992.52	0.164	0	162.77
砂浆	M5.0 混合砂浆	t	2054.99	0.134	0	275.37
	1:1:6 混合砂浆	t	340.66	0.154	0	52.46
	1:2 水泥砂浆	t	3354.74	0.266	0	892.36
水泥	普通硅酸盐水泥	t	2054.99	1.04	0	2137.19
金属	镀锌钢板	t	635	1.722	0	1093.47

续表

材料类别	材料名称	单位	工程量	碳排放因子（tCO$_2$/t）	回收系数	碳排放量（tCO$_2$）
金属	角钢	t	93.12	1.381	0	128.60
	管材	t	484.23	2.208	0	1069.18
其他	铝单板幕墙	t	202.77	2.6	0.85	79.080
	玻璃幕墙	t	64/99	1.828	0	118.80
	石膏粉	t	28	0.210	0	5.88
	石材：地砖	t	680.40	0.002	0	1.2607
	木门	t	3.75	0.010	0.75	0.009
	岩棉板	t	69.3	0.169	0	11.71
总计（不考虑回收系数）						42662.554
总计（考虑回收系数）						35624.491

各类建材工程量及碳排放量汇总（朝阳万达商业广场）　　　　表4-33

序号	材料类别	工程量（t）	碳排放量（tCO$_2$）	综合碳排放因子（tCO$_2$/t）
1	钢筋	7365.19	9766.24	2.210
2	混凝土	147196.23	19989.436	0.135
3	砂浆	5750.39	1220.19	0.185
4	水泥	2054.99	2137.19	1.04
5	金属	1212.35	2291.25	1.770
6	其他	1065.15	220.185	0.718
	总计	164644.3	35624.491	—

2. 建材运输阶段碳排放量

该工程混凝土从朝阳市本地获取，运输方式为公路，运距为20km；钢筋来自沈阳市某公司，运输方式为公路，运距300km；砂浆来自朝阳市某水泥有限公司，运输方式为公路，运距为20km。其他建材比例较少，均设为公路运输，采用汽油货车，运输距离朝阳市内设为20km，省内设为300km，省外设为800km。建材运输阶段碳排放量计算汇总见表4-34、表4-35。

建材运输阶段碳排放量计算表（朝阳万达商业广场）　　　　表4-34

材料类别	材料名称	工程量（t）	运输类型	距离（km）	碳排放因子 tCO$_2$/（t·km）	碳排放量（tCO$_2$）
钢筋	Ⅰ级、Ⅱ级、Ⅲ级钢筋	7365.19	公路	300	0.0001763	389.55
混凝土	C15	11591.07	公路	20	0.0001763	40.87
	C20	17790.43	公路	20	0.0001763	62.73
	C25	1040.01	公路	20	0.0001763	3.67

续表

材料类别	材料名称	工程量（t）	运输类型	距离（km）	碳排放因子 tCO₂/（t·km）	碳排放量 （tCO₂）
混凝土	C30	94199.43	公路	20	0.0001763	332.15
	C35	4296.75	公路	20	0.0001763	15.15
	C40	17285.92	公路	20	0.0001763	60.95
	C45	992.52	公路	10	0.0001763	3.50
砂浆	M5.0混合砂浆	2054.99	公路	20	0.0001763	7.25
	1:1:6混合砂浆	340.660	公路	20	0.0001763	1.20
	1:2水泥砂浆	3354.74	公路	20	0.0001763	11.83
水泥	普通硅酸盐水泥	2054.99	公路	20	0.0001763	7.25
金属	镀锌钢板	635	公路	300	0.0001763	33.59
	角钢	93.12	公路	800	0.0001763	13.13
	管材	484.23	公路	800	0.0001763	68.30
其他	铝单板幕墙	202.77	公路	800	0.0001763	28.60
	玻璃幕墙	64.99	公路	300	0.0001763	3.44
	石膏粉	28	公路	800	0.0001763	3.95
	石膏板	15.94	公路	800	0.0001763	2.25
	石材；地砖	680.40	公路	800	0.0001763	95.96
	木门	3.75	公路	800	0.0001763	0.53
	岩棉板	69.3	公路	800	0.0001763	0.53
总计（t）		164644.3	—	—	—	1186.35
500km以内建材总重量（t）		163001.8				
500km以内建材比例		99%				

各类建材运输阶段碳排放量汇总（朝阳万达商业广场）　　表4-35

序号	材料类别	工程量（t）	碳排放量（tCO₂）	碳排放量比例
1	钢筋	7365.19	389.55	32.8%
2	混凝土	147196.23	519.01	43.7%
3	砂浆	5750.39	20.28	1.7%
4	水泥	2054.99	7.25	0.6%
5	金属	1212.35	115.01	9.7%
6	其他	1065.15	135.25	11.4%
	总计	164644.3	1186.35	—

3. 建造施工阶段碳排放量（表4-36）

建造施工阶段碳排放量计算表（朝阳万达商业广场） 表4-36

施工类型	单位	工程量	碳排放因子（tCO₂/单位）	碳排放量（tCO₂）
预拌混凝土	t	143705.20	0.019	2730.40
开挖/移除土方	m³	37440	0.025	936
平整土方	m³	23083.08	0.0037	85.41
起重机搬运	m³	90000	0.0015	135
施工现场照明	m³	51100	0.020	1022
总计				4908.81

4. 建筑物化阶段碳排放量汇总（表4-37、图4-9）

建筑物化阶段碳排放量汇总（朝阳万达商业广场） 表4-37

建筑阶段	生产阶段	运输阶段	施工阶段	物化阶段
碳排放量（tCO₂）	35624.49	1186.35	5686.81	42497.65
比例	83.83%	2.79%	13.38%	100.00%

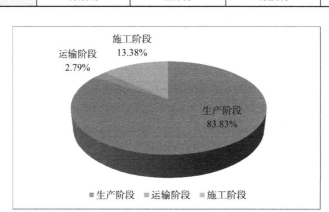

图4-9 物化阶段碳排放量占比（朝阳万达商业广场）

4.2.2.3 建筑使用阶段碳排放量

通过查看此商业建筑2017年建筑能耗运行记录，获得设备运行情况、各用电系统的全年能耗数据以及全年用水量。

朝阳市属于东北区域电网，电力碳排放因子为0.7769kgCO₂/kWh。在该项目中，建筑使用年限设定为50年。朝阳万达商业广场使用阶段用电系统碳排放清单如表4-38所示。

朝阳万达商业广场使用阶段用电系统碳排放清单 表4-38

序号	用电系统	年耗电量（kWh）	电力碳排放因子（kgCO₂/kWh）	建筑使用年限（a）	碳排放量（tCO₂）	占比
1	空调系统	6742462.4	0.7769	50	261910.95	62.14%

续表

序号	用电系统	年耗电量（kWh）	电力碳排放因子（kgCO₂/kWh）	建筑使用年限（a）	碳排放量（tCO₂）	占比
2	照明系统	2507662.8			97410.16	23.11%
3	电梯系统	323848.2			12579.88	2.98%
4	弱电系统	513095.5			19931.1947	4.73%
5	给水排水系统	91367.1	0.7769	50	3549.155	0.84%
6	物业系统	195792.4			7605.56	1.80%
7	其他用电系统	476626.1			18514.54	4.39%
	总计	10850854.5			421501.44	—

通过查看此商业建筑全年用水末端分项记录，得到其主要用水末端为商户用水、卫生间用水、绿化用水、超市用水、冷却塔补水、其他用水，全年总用水量为92289t。其中，自来水碳排放因子参考2019年4月住房和城乡建设部发布的《建筑碳排放计算标准》GB/T 51366—2019附录D，取值为0.168kgCO₂/t。各用水末端分项纪录如表4-39所示，各项累加得到建筑使用阶段用水产生的碳排放量为775.227tCO₂。

朝阳万达商业广场建筑使用阶段用水系统碳排放清单表　　　表 4-39

序号	用水系统	年用水量（t）	水碳排放因子（kgCO₂/t）	建筑使用年限（a）	碳排放量（tCO₂）	占比
1	商户用水	36461.00			306.272	39.51%
2	卫生间用水	31353.00			263.365	33.97%
3	绿化用水	7585.00			63.714	8.22%
4	超市用水	5985.00	0.168	50	50.274	6.49%
5	冷却塔补水	5163.00			43.369	5.59%
6	其他用水	5742.00			48.233	6.22%
	总计	92289.00			775.227	—

根据以上计算，建筑使用阶段耗电产生的碳排放量为421501.44tCO₂，用水产生的碳排放量为775.227tCO₂，总计为422276.67tCO₂。其中，空调系统和照明系统产生的碳排放量远远超过其他系统的碳排放量，是建筑使用阶段主要的碳排放量来源，具体占比见表4-40、图4-10。

朝阳万达商业广场使用阶段主要碳排放量比例分布　　　表 4-40

编号	使用阶段主要消耗	碳排放量（tCO₂）	比例
1	空调系统	261910.95	62.03%
2	照明系统	97410.16	23.07%
3	其他系统	62925.56	14.90%
	总计	422276.67	—

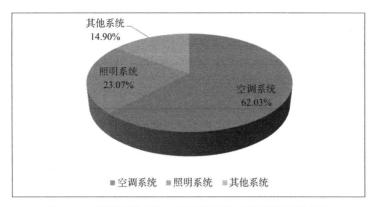

图 4-10　朝阳万达商业广场使用阶段主要碳排放量占比

4.2.2.4　建筑拆除处置阶段碳排放量

本阶段利用以往研究数据进行估算。若按建筑物化阶段碳排放量的 10% 计算，则建筑拆除处置阶段碳排放量为 42497.65 × 10% =4249.765（tCO$_2$）。

学者张又升在相关文献中提出了建筑拆除阶段碳排放与层数的关系，也可作为该阶段建筑碳排放的一个估算方法，见公式（4-2）、公式（4-3）、公式（4-4）。

$$E_{拆除} = A\left(0.06X + 2.01\right) \tag{4-2}$$

$$RC、SRC：E_{处置} = A\left(0.54X + 38.98\right) \tag{4-3}$$

$$SC：E_{处置} = A\left(-0.01X^2 + 0.9X + 7.72\right) \tag{4-4}$$

式中，X——建筑地上层数；

　　　A——总建筑面积；

　　RC——钢筋混凝土结构；

　SRC——钢骨和钢筋混凝土混合结构；

　　SC——纯钢骨结构。

由以上公式计算得出：

拆除阶段碳排放量：97000 ×（0.06 × 4+2.01）= 218.250（tCO$_2$）；

处置阶段碳排放量：97000 ×（0.54 × 4+38.98）= 3990.580（tCO$_2$）；

拆除处置阶段碳排放总量：218.250+3990.580 = 4208.830（tCO$_2$）。

4.2.2.5　建筑全生命周期碳排放量汇总（表 4-41、图 4-11）

朝阳万达商业广场全生命周期碳排放量汇总　　　　　表 4-41

生命周期	具体阶段	碳排放量（tCO$_2$）	碳排放量小计（tCO$_2$）	每平方米碳排放量（kgCO$_2$/m^2）	比例
物化阶段	建材生产	35624.49	42497.65	438.1	9.06%
	建材运输	1186.35			
	建材施工	5686.81			
使用阶段	运行使用	422276.67	422276.67	4353.37	90.04%

续表

生命周期	具体阶段	碳排放量（tCO₂）	碳排放量小计（tCO₂）	每平方米碳排放量（kgCO₂/m²）	比例
拆除处置阶段	拆除阶段	218.250	4208.830	43.4	0.90%
	处置阶段	3990.580			
合计（使用年限 50 年）			468983.15	4834.87	—

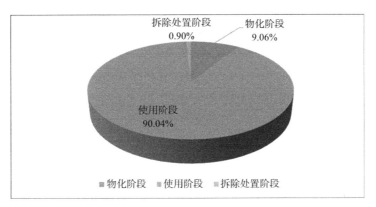

图 4-11 朝阳万达商业广场全生命周期各阶段碳排放量占比

4.2.3 公共建筑案例——中新生态科技城办公楼

4.2.3.1 项目概况

该项目是中新生态科技城办公楼，该建筑建设地块位于江苏省苏州工业园区阳澄湖大道北。项目总建筑面积 30985.27m²，地上建筑面积 23669.01m²，地下建筑面积 7316.26m²。包括地上 17 层，地下 1 层。地上部分主要功能为办公楼等；地下部分主要功能为停车库、设备机房等。如图 4-12 所示。

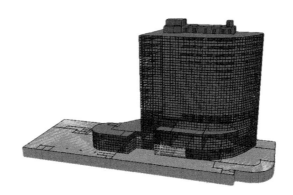

图 4-12 中新生态科技城办公楼三维效果图

4.2.3.2 建筑物化阶段碳排放量

1. 建材生产阶段碳排放量

当不考虑建材回收系数时，建材生产阶段碳排放总量为 72249.58t；当考虑部分建材回收系数后，建材生产阶段碳排放总量为30247.53t，具体建材生产阶段碳排放计算表如表4-42所示，建材回收碳排放计算表如表4-43所示，各类建材工程量及碳排放量汇总表如表4-44所示。

中新生态科技城办公楼建材生产阶段碳排放计算表　　表4-42

材料类别	材料名称	用量	单位	碳排放因子（kgCO₂/单位）	碳排放量（kgCO₂）	总计碳排放量（tCO₂）
钢铁	热轧碳钢钢筋	19358.11	t	2340.00	45297975.06	56536.89
	普通碳钢	2618.79	t	2050.00	5368527.70	
	热轧碳钢小型型钢	13.00	t	2310.00	30036.93	
	热轧碳钢中厚板	5.66	t	2400.00	13586.40	
	碳钢电镀锌板卷	1800.99	t	3020.00	5438977.72	
	大口径埋弧焊直缝钢管	103.67	t	2430.00	251918.10	
	铸造生铁	59.59	t	2280.00	135865.20	
混凝土	C15	1441.21	m³	228.00	328594.79	8961.65
	C25	1136.85	m³	248.00	281938.02	
	C30	13176.00	m³	295.00	3886919.91	
	C35	13302.90	m³	308.00	4097293.45	
	C50	631.20	m³	385.00	243010.85	
	混凝土砖	367.58	m³	336.00	123506.88	
	预制混凝土块	2.26	m³	171.00	386.46	
窗	铝合金窗	14782.06	m²	194.00	2867719.64	2868.13
	玻璃	0.37	t	1130.00	414.71	
水泥	普通硅酸盐水泥	3060.47	t	735.00	2249443.22	2249.44
门	甲级防火门	283.84	m²	48.30	13709.23	804.37
	乙级防火门	284.38	m²	43.90	12484.28	
	丙级防火门	304.72	m²	35.10	10695.67	
	木门	31.22	m²	24584.00	767481.75	
砌体	标准砖	132.00	块	349.00	46068.00	708.55
	加气混凝土砌块	2025.94	m³	327.00	662482.38	
其他	聚苯乙烯泡沫板	9.35	t	5020.00	46926.76	829.09
	岩棉板	3.31	t	1980.00	6544.50	
	天然石膏	1.05	t	32.80	34.31	
	乳胶漆	10.19	t	6550.00	66732.84	
	非焦油聚氨酯防水涂料	0.01	t	6550.00	32.86	
	砂	96.88	t	2.51	243.16	
	铝板	177.96	m²	28500.00	28.40	
总计（不考虑回收）						72249.58

中新生态科技城办公楼建材回收碳排放计算表　　　　　表 4-43

材料种类	材料名称	用量	单位	可回收率	回收因子（tCO₂/单位）	回收碳排放量（tCO₂）	回收运输碳排放（tCO₂）
钢铁	热轧碳钢钢筋	19358.11	t	0.9	1.9425	33842.81	64.66
	普通碳钢	2618.79	t	0.9	1.9425	4578.31	8.75
	热轧碳钢小型型钢	13.00	t	0.9	1.9425	22.73	0.04
	热轧碳钢中厚板	5.66	t	0.9	1.9425	9.90	0.02
	碳钢电镀锌板卷	1800.99	t	0.9	1.9425	3148.57	6.02
	大口径埋弧焊直缝钢管	103.67	t	0.9	1.9425	181.24	0.35
	铸造生铁	59.59	t	0.9	1.9425	104.18	0.20
混凝土	C15	1441.21	m³	0.7	0.0064	16.14	12.03
	C25	1136.85	m³	0.7	0.0064	12.73	9.49
	C30	13176.00	m³	0.7	0.0064	147.57	110.02
	C35	13302.90	m³	0.7	0.0064	148.99	111.08
	C50	631.20	m³	0.7	0.0064	7.07	5.27
	混凝土砖	367.58	m³	0.7	0.0064	4.12	3.07
	预制混凝土块	2.26	m³	0.7	0.0064	0.03	0.02
窗	铝合金窗	14782.06	m²	0.8	0.0109	128.90	49.37
	玻璃	0.37	t	0.8	0.2521	0.07	0.00
水泥	普通硅酸盐水泥	3060.47	t				
门	甲级防火门	283.84	m²				
	乙级防火门	284.38	m²				
	丙级防火门	304.72	m²				
	木门	31.22	m²	0.65	0.139	2.82	0.10
砌体	标准砖	132.00	块	0.7	0.290	0.03	0.00
	加气混凝土砌块	2025.94	m³				
其他	聚苯乙烯泡沫板	9.35	t				
	岩棉板	3.31					
	天然石膏	1.05	t				
	乳胶漆	10.19	t				
	非焦油聚氨酯防水涂料	0.01	t				
	砂	96.88	t				
	铝板	177.96	m²				
合计						42356.21	380.49

注：建材回收计算中，混凝土类的建材密度按照 2.5t/m³ 计算，运输因子为 3.34×10^{-4} tCO₂/（t·km），运输距离为 10km。

考虑建材回收的生产阶段的碳排放量：72249.58–42356.21+380.49=30273.86（tCO₂）。

中新生态科技城办公楼各类建材工程量及碳排放量汇总表 表4-44

序号	材料类别	工程量（t）	碳排放量（tCO₂）	综合碳排放因子（tCO₂/t）
1	钢铁	23959.81	56536.89	2.360
2	混凝土	72410.70	8961.65	0.124
3	窗	4730.87	2868.13	0.606
4	水泥	3060.47	2249.44	0.735
5	门	540.50	804.37	1.488
6	砌体	1013.32	708.55	0.699
7	其他	120.77	120.54	0.998
	总计	105836.44	72249.58	—

2. 建材运输阶段碳排放量

该工程建材运输方式为公路运输，采用轻型汽油货车，运距为100km。建材运输阶段碳排放量计算及汇总见表4-45、表4-46。

中新生态科技城办公楼建材运输阶段碳排放量计算表 表4-45

材料种类	材料名称	工程量（t）	运输类型	距离（km）	碳排放因子[tCO₂/（t·km）]	碳排放量（tCO₂）
钢铁	热轧碳钢钢筋	19358.11	公路	100	3.34×10^{-4}	646.56
	普通碳钢	2618.79	公路	100	3.34×10^{-4}	87.47
	热轧碳钢小型型钢	13.00	公路	100	3.34×10^{-4}	0.43
	热轧碳钢中厚板	5.66	公路	100	3.34×10^{-4}	0.19
	碳钢电镀锌板卷	1800.99	公路	100	3.34×10^{-4}	60.15
	大口径埋弧焊直缝钢管	103.67	公路	100	3.34×10^{-4}	3.46
	铸造生铁	59.59	公路	100	3.34×10^{-4}	1.99
混凝土	C15	3401.24	公路	100	3.34×10^{-4}	113.60
	C25	2728.43	公路	100	3.34×10^{-4}	91.13
	C30	31622.40	公路	100	3.34×10^{-4}	1056.19
	C35	32193.02	公路	100	3.34×10^{-4}	1075.25
	C50	1577.99	公路	100	3.34×10^{-4}	52.70
	混凝土砖	882.19	公路	100	3.34×10^{-4}	29.47
	预制混凝土块	5.42	公路	100	3.34×10^{-4}	0.18
窗	铝合金窗	4730.50	公路	100	3.34×10^{-4}	158.00
	玻璃	0.37	公路	100	3.34×10^{-4}	0.012
水泥	普通硅酸盐水泥	3060.47	公路	100	3.34×10^{-4}	102.22
门	甲级防火门	102.18	公路	100	3.34×10^{-4}	3.41
	乙级防火门	102.38	公路	100	3.34×10^{-4}	3.42
	丙级防火门	304.72	公路	100	3.34×10^{-4}	10.18

续表

材料种类	材料名称	工程量（t）	运输类型	距离（km）	碳排放因子[tCO₂/（t·km）]	碳排放量（tCO₂）
门	木门	31.22	公路	100	3.34×10^{-4}	1.04
砌体	标准砖	0.35	公路	100	3.34×10^{-4}	0.012
	加气混凝土砌块	1012.97	公路	100	3.34×10^{-4}	33.83
其他	聚苯乙烯泡沫板	9.35	公路	100	3.34×10^{-4}	0.31
	岩棉板	3.31	公路	100	3.34×10^{-4}	0.11
	天然石膏	1.05	公路	100	3.34×10^{-4}	0.035
	乳胶漆	10.19	公路	100	3.34×10^{-4}	0.34
	非焦油聚氨酯防水涂料	0.01	公路	100	3.34×10^{-4}	0.00017
	砂	96.88	公路	100	3.34×10^{-4}	3.24
	铝板	0.0010	公路	100	3.34×10^{-4}	0.00003
总计		105836.44	—	—	—	3534.94

中新生态科技城办公楼各类建材运输阶段碳排放量汇总　　表4-46

序号	材料类别	工程量（t）	碳排放量（tCO₂）	碳排放量比例
1	钢铁	23959.81	800.26	22.64%
2	混凝土	72410.70	2418.52	68.42%
3	窗	4730.87	158.01	4.47%
4	水泥	3060.47	102.22	2.89%
5	门	540.50	18.05	0.51%
6	砌体	1013.32	33.84	0.96%
7	其他	120.77	4.03	0.11%
总计		105836.44	3534.94	—

3. 建造施工阶段碳排放量

该项目采用经验公式法进行计算。以下算法来源于广东省住房和城乡建设厅发布的《建筑碳排放计算导则（试行）》及其编制过程中引用的文献资料，该方法可便捷地通过经验公式估算建造阶段的单位面积碳排放，再结合建筑面积计算出整个建造过程的碳排放总量（表4-47）。经验公式如下：

$$Y=X+1.99 \tag{4-5}$$

式中，X——地上层数；

Y——单位面积的碳排放量，单位为：$kgCO_2/m^2$。

中新生态科技城办公楼建造阶段碳排放量　　表4-47

建筑面积（m²）	地上层数	单位面积碳排放量（kgCO₂/m²）	建筑碳排放量（tCO₂）
30985.27	17	18.99	588.41

4. 建筑物化阶段碳排放量汇总（表4-48、图4-13）

中新生态科技城办公楼建筑物化阶段碳排放量汇总 表4-48

建筑阶段	生产阶段	运输阶段	施工阶段	总量
碳排放量（tCO₂）	30247.52	3534.94	588.41	34370.87
比例	88.00%	10.29%	1.71%	100.00%

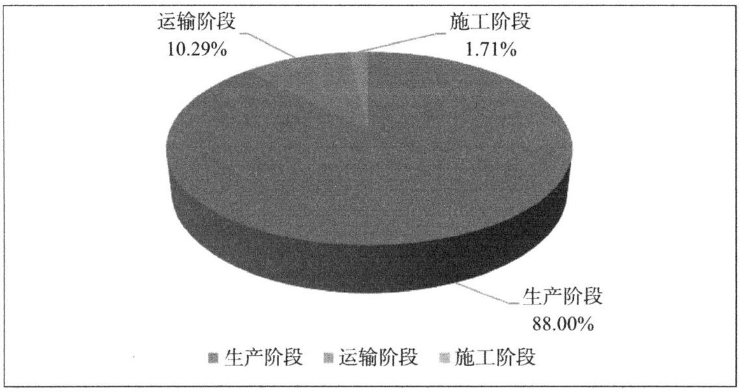

图4-13 中新生态科技城办公楼物化阶段碳排放量占比

4.2.3.3 建筑使用阶段碳排放量

该项目电网碳排放因子选用《企业温室气体排放核算方法与报告指南——发电设施》（2022年修订版）中2021年全国电网平均值，为0.581kgCO₂/kWh。在该项目中，建筑使用年限设定为50年。使用阶段用电系统碳排放量见表4-49、图4-14。

中新生态科技城办公楼使用阶段用电系统碳排放清单 表4-49

序号	用电系统	年耗电量（kWh）	电力碳排放因子（kgCO₂/kWh）	建筑使用年限（a）	碳排放量（tCO₂）	占比
1	空调供暖	1030867.53			29946.70	36.53%
2	照明	559887.56			16264.73	19.84%
3	电梯	24464.29	0.581	50	710.69	0.87%
4	插座设备	807422.586			23455.63	28.61%
5	通风机	399234.82			11597.77	14.15%
	总计	2821876.79			81975.52	100.00%

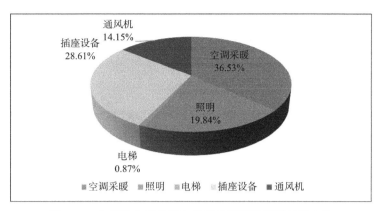

图 4-14　中新生态科技城办公楼使用阶段碳排放量占比

4.2.3.4　建筑拆除处置阶段碳排放量

本阶段利用以往研究数据进行估算。若按建筑物化阶段碳排放量的 10% 计算，则建筑拆除处置阶段碳排放量为 34370.87 × 10% = 3437.087（t）。

学者张又升在相关文献中提出了建筑拆除阶段碳排放与层数的关系，也可作为该阶段建筑碳排放的一个估算方法，见公式（4-2）~公式（4-4）。

由公式计算得到：

拆除阶段碳排放量：30985.2 ×（0.06 × 17+2.01）= 93.89（t）；

处置阶段碳排放量：30985.2 ×（0.54 × 17+38.98）= 1492.25（t）；

拆除处置阶段碳排放总量：93.89 + 1492.25 = 1586.13（t）。

4.2.3.5　建筑全生命周期碳排放量汇总（表 4-50、图 4-15）

中新生态科技城办公楼全生命周期碳排放量　　表 4-50

生命周期	具体阶段	碳排放量（t）	碳排放量小计（t）	单位面积碳排放量（kgCO₂/m²）	单位面积年均碳排放量[kgCO₂/（m²·a）]	比例
物化阶段	建材生产	30247.52	34370.87	1109.26	22.19	29.14%
	建材运输	3534.94				
	建材施工	588.41				
运行阶段	运行使用	81975.52	81975.52	2645.63	52.91	69.51%
拆除处置阶段	拆除阶段	93.89	1586.14	51.19	1.02	1.35%
	处置阶段	1492.25				
合计			117958.86	3806.08	76.12	100.00%

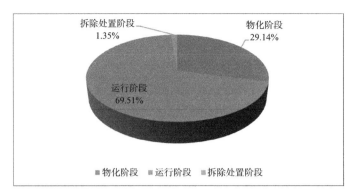

图 4-15　中新生态科技城办公楼各阶段碳排放量占比

4.3　居住建筑全生命周期碳排放计算案例

4.3.1　居住建筑案例——重庆某居住建筑项目

4.3.1.1　项目概况

1. 项目信息

重庆某居住建筑项目，总建筑面积 17593.97m²。该住宅共 238 户，地上共 30 层，一层层高 5.9m，标准层高 3m。该项目地处夏热冬冷地区，建筑外墙采用 35mm 聚苯颗粒保温，屋顶采用 45mmXPS 板，加强保温效果。对于外窗部分，窗框采用塑钢型材，玻璃采用中空玻璃 6+12A+6。该项目立项时间为 2009 年 1 月，竣工时间为 2012 年 1 月。

2. 计算依据

该项目主要计算依据如下：

（1）《建筑碳排放计算标准》GB/T 51366—2019

（2）重庆市《居住建筑节能 65%（绿色建筑）设计标准》DBJ 50—071—2020

　　　重庆市《居住建筑节能 65% 设计标准》DBJ 50—071—2007

（3）《夏热冬冷地区居住建筑节能设计标准》JGJ 134—2010

（4）《建筑给水排水设计标准》GB 50015—2019

（5）《民用建筑节水设计标准》GB 50555—2010

（6）《综合能耗计算通则》GB/T 2589—2020

（7）《建筑防烟排烟系统技术标准》GB 51251—2017

（8）《实用供热空调设计手册》

（9）《电梯技术条件》GB/T 10058—2009

（10）《建筑全生命周期的碳足迹》

（11）《砌筑砂浆配合比设计规程》JGJ/T 98—2011

（12）《基于碳排放视角的拆除建筑废弃物管理过程研究》

（13）概预算表、各专业施工图纸、设备表、建筑模型等

4.3.1.2　建材生产及运输阶段碳排放量

1. 建材用量统计

根据工程预算表统计材料用量，其中工程预算表给出 C30、C40、C50、C60 混凝土以及现浇混凝土模板（楼梯、台阶、散水、坡道等），将混合砂浆和水泥砂浆按常用的配合比分别计算出水泥、砂子、石灰的用量（目前 PKPM-CES 碳排放软件中可直接匹配混合砂浆和水泥砂浆的碳排放因子），如表 4-51 所示。

根据工程预算表计算材料用量　　　　　　　　　　　　表 4-51

序号	材料名称	工程用材	工程用量	单位
1	混凝土	C30 混凝土	13317.33	m³
		C50 混凝土	939.00	m³
2	钢材、钢筋		883.58	t
3	混合砂浆		5060.20	m³
		42.5 级水泥		
		中砂		
		石灰		
	水泥砂浆		1190.63	m³
		42.5 级水泥	327.42	t
		中砂	1726.42	t
	小计	42.5 级水泥	1288.86	t
		中砂	9063.71	t
		石灰	404.82	t
4	防水卷材		2499.00	m²
5	防水涂料		8.86	kg
6	挤塑聚苯板		20104.00	m³
7	门窗			
	塑钢门窗		4035.00	m²
	甲级防火门		3.00	m²
	乙级防火门		362.00	m²
	丙级防火门		146.00	m²
	铝合金地弹门		550.00	m²

注：（1）因没有 C40 混凝土的碳排放因子，按 C30 计算；
　　（2）未说明强度等级的混凝土按 C30 计算；
　　（3）没有 C60 混凝土的碳排放因子，按 C50 计算。

结合案例提供的工程主要材料用量表，确定最终建材用量，工程主要材料用量如表 4-52 所示。根据工程预算表统计时，质量或者体积未知的材料未统计。考虑到部分材料未统计，钢材、钢筋和水泥的工程量以"工程主要材料用量表"为准，根据工程预算表统计材料用量，木材和标准砖的用量未给出，也以"工程主要材料用量表"为准。

重庆某居住建筑项目工程主要材料用量表   表 4-52

序号	材料名称	单位	工程用材
1	钢材、钢筋	t	999.9449
2	木材	m³	322.82
3	水泥	t	1599.5949
4	标准砖	千块	1518.101

综合表 4-51 和表 4-52，得到各种建材的用量汇总如表 4-53 所示。

重庆某居住建筑项目建材用量汇总   表 4-53

序号	材料名称	工程用材	单位
1	混凝土		
	C30 混凝土	13317.33	m³
	C50 混凝土	939.00	m³
2	钢材、钢筋	999.94	t
3	42.5 级水泥	1599.59	t
4	中砂	9063.71	t
5	石灰	404.82	t
6	防水卷材	2499.00	m²
7	防水涂料	8.86	kg
8	挤塑聚苯板	20104.00	m³
9	门窗		
	塑钢门窗	4035.00	m²
	甲级防火门	3.00	m²
	乙级防火门	362.00	m²
	丙级防火门	146.00	m²
	铝合金地弹门	550.00	m²
10	木材	322.82	m³
11	标准砖	1518.10	千块

2. 建材生产阶段碳排放量计算（表 4-54）

重庆某居住建筑项目建材生产阶段碳排放量汇总　　　　表 4-54

序号	材料名称	工程用材	单位	碳排放因子	因子单位	碳排放量（kgCO₂e）
				混凝土		
1	C30 混凝土	13317.33	m^3	295	$kgCO_2e/m^3$	3928612.35
	C50 混凝土	939.00	m^3	385	$kgCO_2e/m^3$	361515.00
2	钢材、钢筋	999.94	t	2190	$kgCO_2e/t$	2189868.60
3	42.5 级水泥	1599.59	t	977	$kgCO_2e/t$	1562799.43
4	中砂	9063.71	t	2.3	$kgCO_2e/t$	20846.53
5	石灰	404.82	t	1750	$kgCO_2e/t$	708435.00
6	防水卷材	2499.00	m^2	2.38	$kgCO_2e/m^2$	5947.62
7	防水涂料	8.86	kg	6.55	$kgCO_2e/kg$	58.03
8	挤塑聚苯板	20104.00	m^3	22.7	$kgCO_2e/m^3$	456360.80
				门窗		
9	塑钢门窗	4035.00	m^2	121	$kgCO_2e/m^2$	488235.00
	甲级防火门	3.00	m^2	48.3	$kgCO_2e/m^2$	144.90
	乙级防火门	362.00	m^2	43.9	$kgCO_2e/m^2$	15891.80
	丙级防火门	146.00	m^2	35.1	$kgCO_2e/m^2$	5124.60
	铝合金地弹门	550.00	m^2	46.3	$kgCO_2e/m^2$	25465.00
10	木材	322.82	m^3	139	$kgCO_2e/m^3$	44871.98
11	标准砖	1518.10	千块	349	$kgCO_2e/$ 千块	529816.90
	合计					10343993.55

注：混凝土和塑钢门窗的碳排放因子来源于《建筑碳排放计算标准》GB/T 51366—2019，其余来源于《建筑全生命周期的碳足迹》。

　　建材生产阶段碳排放量达到 10343993.55kgCO₂e（10343.99tCO₂e），各阶段占比如图 4-16 所示，其中生产混凝土、钢材、钢筋和水泥的碳排放量占比较大，分别为 41.47%、21.17% 和 15.11%。

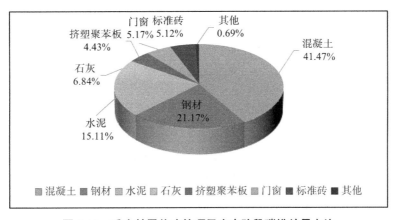

图 4-16　重庆某居住建筑项目生产阶段碳排放量占比

3.建材运输阶段碳排放量计算（表 4-55）

重庆某居住建筑项目建材运输阶段碳排放量汇总   表 4-55

序号	材料名称	工程用材	单位	碳排放量（kgCO₂e）
	混凝土			
1	C30 混凝土	13317.33	m³	259687.95
	C50 混凝土	939.00	m³	18310.50
2	钢材、钢筋	999.94	t	7799.57
3	42.5 级水泥	1599.59	t	12476.84
4	中砂	9063.71	t	70696.91
5	石灰	404.82	t	3157.56
6	挤塑聚苯板	2499.00	m³	156.81
	门窗			
7	塑钢门窗	4035.00	m²	2407.68
	甲级防火门	3.00	m²	0.82
	乙级防火门	362.00	m²	87.53
	丙级防火门	146.00	m²	22.78
	铝合金地弹门	550.00	m²	568.43
8	木材	322.82	m³	3902.89
9	标准砖	1518.10	千块	23682.38
合计				402958.66

注：（1）建材运输方式按重型柴油货车运输（30t），其碳排放因子来源于《建筑碳排放计算标准》GB/T 51366—2019，按 0.078kgCO₂e/（t·km）；

（2）根据工程预算表和"工程主要材料用量表"统计的材料用量的单位与碳排放因子中材料用量的单位不同，其中防火门的密度单位是 kg/m³；标准砖的密度单位是 kg/ 块。

建材运输阶段碳排放量达到 402958.66kgCO₂e（402.96tCO₂e），各阶段占比如图 4-17 所示，其中混凝土、中砂碳排放量占比较大，分别为 68.99%、17.54%。

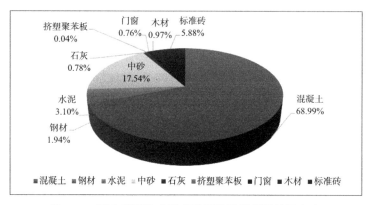

图 4-17　重庆某居住建筑项目运输阶段碳排放量占比

4.3.1.3 建筑运行阶段碳排放量

该项目运行阶段碳排量包含空调供暖系统、照明系统、插座设备、生活热水、通风机和电梯，未利用可再生能源。建筑寿命为 50 年，电网碳排放因子取 2014 年国家发展和改革委员会公布的数据：0.9724（华中区域电网），燃气因子取 $2.16kgCO_2e/m^3$。

1. 空调供暖系统碳排放量计算

因该项目立项时间为 2009 年 1 月，竣工时间为 2012 年 1 月，按照重庆市《居住建筑节能 65% 设计标准》DBJ 50—071—2007 确定围护结构热工参数、室内计算温度、空调供暖计算日期、设备性能参数等：

（1）室内计算温度：冬季全天 18℃，夏季全天 26℃；

（2）供暖计算日期：当年 12 月 1 日至次年 2 月 28 日；

空调计算日期：6 月 1 日至 9 月 30 日；

（3）住宅均设置分体式空调（根据建筑设计说明），依据标准选择热泵型房间空调器，冬、夏季性能系数取 3（按《居住建筑节能 65% 设计标准》DBJ 50—071—2007 第 6.5.4 条）。

根据 PKPM-Energy 能耗模拟软件计算出该住宅项目全年供暖空调能耗，全年供暖空调系统的碳排放量见表 4-56，全年供暖空调系统碳排放总量达到 401881.53kgCO₂e（401.88tCO₂e）。

全年供暖空调能耗和碳排放量（重庆某居住建筑项目）　　　　表 4-56

分项	能耗（kWh）	碳排放因子（kgCO₂e/kWh）	年碳排放量（kgCO₂e）
供暖	208768.67	0.9724	203006.65
制冷	204519.62	0.9724	198874.88
合计	413288.29	—	401881.53

2. 照明系统碳排放量计算

照明时间按照《建筑碳排放计算标准》GB/T 51366—2019 中表 B.0.1 取值，卫生间的照明时间按照《建筑节能与可再生能源利用通用规范》GB 55015—2021 中表 C.0.6-4 取值，走廊等公共空间的照明时间依据《建筑全生命周期的碳足迹》取值。照明密度依据《照明功率密度及照度计算书》取值。全年照明系统碳排放总量达到 31470.82kgCO₂e（31.47tCO₂e），如表 4-57 所示。

全年照明系统能耗和碳排放量（重庆某居住建筑项目）　　　　表 4-57

房间类型	照明密度（W/m²）	照明时间（h/a）	照明能耗（kWh）	年碳排放量（kgCO₂e）
起居室	1.42	1980	13820.03	13438.59
卧室	1.41	1620	12790.77	12437.74

续表

房间类型	照明密度（W/m²）	照明时间（h/a）	照明能耗（kWh）	年碳排放量（kgCO₂e）
厨房	1.76	1152	2899.19	2819.17
卫生间	1.98	1168	2515.18	2445.76
走廊等公共空间	2.24	60	338.90	329.55
合计			34112.63	31470.82

3. 插座设备碳排放量计算

设备运行时间按照《建筑节能与可再生能源利用通用规范》GB 55015—2021 中表 C.0.6-4 取值，设备功率密度按《建筑碳排放计算标准》GB/T 51366—2019 中表 B.0.1 取值。全年插座设备碳排放总量达到 286208.49kgCO₂e（286.21tCO₂e），如表 4-58 所示。

全年插座设备能耗和碳排放量（重庆某居住建筑项目）　　　　表 4-58

房间类型	功率密度（W/m²）	使用时间（h/a）	运行能耗（kWh）	年碳排放量（kgCO₂e）
卧室	9.3	1460	32589.64	31690.17
起居室	12.7	4015	218360.19	212333.45
厨房	48.2	1095	43382.23	42184.88
合计			294332.06	286208.49

4. 生活热水系统碳排放量计算

该住宅共 238 户，每户按 4 人/户、入住率 80% 计算，可得出该住宅的用水单位数是 761.6 人，热水用水定额取 40L/（人·d），热水温升至 25℃。全年消耗燃气量 32287.79m³，碳排放总量达到 69741.62kgCO₂e（69.74tCO₂e）。

5. 通风机碳排放量计算

该住宅项目通风机只包含机械加压送风系统风机和厨房排油烟机，不包含地下车库通风机，风机效率取 0.75（设计说明文件），电机及传动效率取 1（《实用供热空调设计手册》）。全年碳排放总量达到 2571.41kgCO₂e（2.57tCO₂e），如表 4-59 所示。

全年通风机能耗和碳排放量（重庆某居住建筑项目）　　　　表 4-59

服务区域	风机类型	使用时间（h/a）	电机功率（kW）	台数（台）	全年能耗（kWh）	年碳排放量（kgCO₂e/a）
防烟楼梯间	低噪声混流式	3	7.5	2	60.00	58.34
防烟楼梯间+合用前室	低噪声混流式	3	11	1	44.00	42.79
厨房排油烟	轴流风机	1095	0.87	2	2540.40	2470.28
合计				5	2644.40	2571.41

6. 电梯系统碳排放量计算

该住宅楼共 3 部电梯，每部电梯采用 VVVF 驱动系统，额定功率为 14kW，所使用电梯最大运行距离为 92m，额定速度为 2.5m/s。根据《电梯技术条件》GB/T 10058—2009 中的电梯计算公式，计算出每年电梯运行时能耗 6581.67kWh（运行能耗占比 30%），使用能耗则为 21938.93 kWh（运行能耗 + 待机能耗），全年碳排放总量达到 21333.42kgCO$_2$e（21.33tCO$_2$e）。

7. 建筑运行阶段碳排放量汇总

全年建筑运行阶段碳排放量达到 813207.29kgCO$_2$e（813.21tCO$_2$e），50 年总碳排放量达到 40660364.50kgCO$_2$e（40660.36tCO$_2$e），其中空调供暖系统、插座设备碳排放量占比最大，分别为 49.42%、35.19%，如表 4-60、图 4-18 所示。

重庆某居住建筑项目建筑运行阶段碳排放量汇总　　　　　　表 4-60

项目	年碳排放量 （kgCO$_2$e/a）	50 年碳排放量 （kgCO$_2$e）	单位面积碳排放量 （kgCO$_2$e/m^2）	占比
空调供暖	401881.53	20094076.50	1142.10	49.42%
照明	31470.82	1573541.00	89.44	3.87%
插座设备	286208.49	14310424.50	813.37	35.19%
生活热水	69741.62	3487081.00	198.20	8.58%
通风机	2571.41	128570.50	7.31	0.32%
电梯	21333.42	1066671.00	60.63	2.62%
汇总	813207.29	40660364.50	2311.04	100.00%

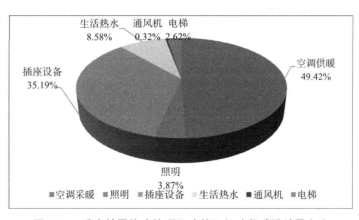

图 4-18　重庆某居住建筑项目建筑运行阶段碳排放量占比

4.3.1.4　建造及拆除阶段碳排放量

建造阶段台班消耗量根据《建筑全生命周期的碳足迹》提供的数值进行估算，拆除阶段台班消耗量根据《基于碳排放视角的拆除建筑废弃物管理过程研究》提供的数值进行估算。建造阶段碳排放量达到 113418.68kgCO$_2$e（113.42tCO$_2$e），拆除阶段碳排放量达到98895.28kgCO$_2$e（98.90tCO$_2$e）。

4.3.1.5 全生命周期碳排放量汇总

该住宅50年碳排放量达到54189708.23kgCO$_2$e（54189.71tCO$_2$e），单位面积碳排放量为3080.02kgCO$_2$e/m^2（3.81tCO$_2$e/m^2），年均碳排放指标达到61.60kgCO$_2$e/m^2。运行阶段占比最大，为75.03%，其次为建材生产阶段（23.83%），如表4-61所示。

重庆某居住建筑项目建筑全生命周期碳排放量汇总　　　表4-61

阶段	50年碳排放总量（kgCO$_2$e）	单位面积碳排放量（kgCO$_2$e/m^2）	占比
建材生产阶段	12914071.11	734.01	23.83%
建材运输阶段	402958.66	22.90	0.74%
建筑建造阶段	113418.68	6.45	0.22%
建筑运行阶段	40660364.50	2311.04	75.03%
建筑拆除阶段	98895.28	5.62	0.18%
合计	54189708.23	3080.02	100.00%

4.3.1.6 减碳比例

1. 满足重庆市《居住建筑节能65%（绿色建筑）设计标准》DBJ 50—071—2020的全生命周期碳排放量

满足《居住建筑节能65%（绿色建筑）设计标准》DBJ 50—071—2020的建筑的碳排放量按以下原则计算：

（1）住宅均设置分体式空调（设计说明），依据标准选择热泵型房间空调器，冬、夏季性能系数取4；

（2）根据《居住建筑节能65%（绿色建筑）设计标准》DBJ 50—071—2020标准限值，修改原模型中围护结构的热工参数（表4-62）；

（3）其他阶段不变。

全年建筑运行阶段碳排放量达到676220.28kgCO$_2$e（676.22tCO$_2$e），50年总碳排放量达到33811014.00kgCO$_2$e（33811.01tCO$_2$e），其中空调供暖系统、插座设备碳排放量占比最大，分别为39.17%、42.32%（表4-62、图4-19）。该住宅50年碳排放量达到47340357.73kgCO$_2$e（47340.36tCO$_2$e），单位面积碳排放量为2690.71kgCO$_2$e/m^2（2.69tCO$_2$e/m^2），年均碳排放指标达到53.81kgCO$_2$e/m^2，运行阶段占比最大，为75.03%，其次为建材生产阶段（23.83%），见表4-63、表4-64。

重庆某居住建筑项目围护结构热工参数修改内容　　　表4-62

序号	指标判定分类	《居住建筑节能65%设计标准》DBJ 50—071—2007标准指标	《居住建筑节能65%（绿色建筑）设计标准》DBJ 50—071—2020标准指标
1	屋面	0.6	0.6
2	外墙	1.17	1

续表

序号	指标判定分类	《居住建筑节能 65% 设计标准》DBJ 50—071—2007 标准指标	《居住建筑节能 65%（绿色建筑）设计标准》DBJ 50—071—2020 标准指标
3	架空楼板	0.88	0.88
4	分户墙	1.62	1.62
5	楼板	2.93	2
6	户门	2.47	2.47
7	外窗传热系数	2.8	2.2
8	外窗夏季太阳得热系数	0.65	0.22
9	外窗冬季太阳得热系数	0.65	0.22
10	凸窗	2.8	1.8
11	凸窗不透明板	0.8	0.8

重庆某居住建筑项目建筑运行阶段碳排放量汇总　表 4-63

项目	年碳排放量（$kgCO_2e/a$）	50 年碳排放总量（$kgCO_2e$）	单位面积碳排放量（$kgCO_2e/m^2$）	占比
空调供暖	264894.52	13244726.00	752.80	39.17%
照明	31470.82	1573541.00	89.44	4.65%
插座设备	286208.49	14310424.50	813.37	42.32%
生活热水	69741.62	3487081.00	198.20	10.31%
通风机	2571.41	128570.50	7.31	0.38%
电梯	21333.42	1066671.00	60.63	3.17%
汇总	676220.28	33811014.00	1921.74	100.00%

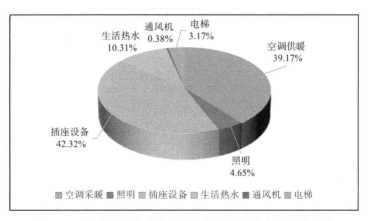

图 4-19　重庆某居住建筑项目建筑运行阶段碳排放量占比

重庆某居住建筑项目建筑全生命周期碳排放量汇总　表 4-64

阶段	50 年碳排放总量（$kgCO_2$）	单位面积碳排放量（$kgCO_2e/m^2$）	占比
建材生产阶段	12914071.11	734.01	27.28%

续表

阶段	50 年碳排放总量（kgCO₂e）	单位面积碳排放量（kgCO₂e/m²）	占比
建材运输阶段	402958.66	22.90	0.85%
建筑建造阶段	113418.68	6.45	0.24%
建筑运行阶段	33811014.00	1921.74	71.42%
建筑拆除阶段	98895.28	5.62	0.21%
合计	47340357.73	2690.71	100.00%

2. 20 世纪 80 年代建筑的全生命周期碳排放量

20 世纪 80 年代建筑的碳排放量基于重庆市《居住建筑节能 65% 设计标准》DBJ 50—071—2007 的基础上按以下原则计算：

（1）运行阶段—空调供暖：去除本建筑中围护结构保温系统，空调供暖的能效比按 2.25 取值；

（2）建材生产运输阶段：去除保温材料的占比；

（3）其他阶段不改变。

全年建筑运行阶段碳排放量达到 1099582.21kgCO₂e（1099.58tCO₂e），50 年总碳排放量达到 54979110.50kgCO₂e（54979.11tCO₂e），其中空调供暖系统、插座设备碳排放量占比最大，分别为 62.59%、26.0%（表 4-65、图 4-20）。该住宅 50 年碳排放量达到 65481868.19kgCO₂e（65481.87tCO₂e），单位面积碳排放量为 3721.84kgCO₂e/m²（3.72tCO₂e/m²），年均碳排放指标达到 74.44kgCO₂e/m²，运行阶段占比最大，为 83.96%，其次为建材生产阶段（15.10%），见表 4-66。

建筑运行阶段碳排放量汇总（20 世纪 80 年代） 表 4-65

项目	年碳排放量（kgCO₂e/a）	50 年碳排放总量（kgCO₂e）	单位面积碳排放量（kgCO₂e/m²）	占比
空调供暖	688256.45	34412822.50	1955.94	62.59%
照明	31470.82	1573541.00	89.44	2.86%
插座设备	286208.49	14310424.50	813.37	26.03%
生活热水	69741.62	3487081.00	198.20	6.34%
通风机	2571.41	128570.50	7.31	0.24%
电梯	21333.42	1066671.00	60.63	1.94%
汇总	1099582.21	54979110.50	3124.88	100.00%

建筑全生命周期碳排放量汇总（20 世纪 80 年代） 表 4-66

阶段	50 年碳排放总量（kgCO₂e）	单位面积碳排放量（kgCO₂e/m²）	占比
建材生产阶段	9887641.89	561.99	15.10%
建材运输阶段	402801.84	22.89	0.62%

续表

阶段	50 年碳排放总量（kgCO₂e）	单位面积碳排放量（kgCO₂e/m²）	占比
建筑建造阶段	113418.68	6.45	0.17%
建筑运行阶段	54979110.50	3124.88	83.96%
建筑拆除阶段	98895.28	5.62	0.15%
合计	65481868.19	3721.84	100.00%

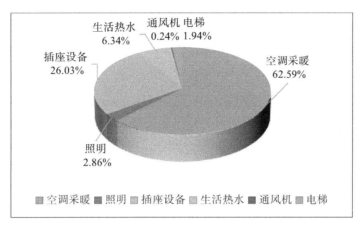

图 4-20 建筑运行阶段碳排放量占比（20 世纪 80 年代）

3. 与 20 世纪 80 年代建筑相比的减碳比例（表 4-67）

（1）执行重庆市《居住建筑节能 65% 设计标准》DBJ 50—071—2007（以下简称 07 标准）：

与 20 世纪 80 年代碳排放量相比，空调供暖系统碳排放量节约 41.61%，运行阶段及全生命周期减碳量分别达到 26.04%、17.24%，建材生产阶段的碳排放量增加 30.61%。

（2）执行重庆市《居住建筑节能 65%（绿色建筑）设计标准》DBJ 50—071—2020（以下简称 20 标准）：

与 20 世纪 80 年代碳排放量相比，空调供暖系统碳排放量节约 61.51%，运行阶段及全生命周期减碳量分别达到 38.50%、27.70%，建材生产阶段的碳排放量增加 30.61%。

减碳比例   表 4-67

阶段	单位面积碳排放量—07 标准（kgCO₂e/m²）	单位面积碳排放量—20 标准（kgCO₂e/m²）	20 世纪 80 年代单位面积碳排放量（kgCO₂e/m²）	减碳比例—07 标准	减碳比例—20 标准
建筑运行阶段	2311.04	1921.74	3124.88	26.04%	38.50%
空调供暖	1142.10	752.80	1955.94	41.61%	61.51%

续表

阶段	单位面积碳排放量—07标准（kgCO₂e/m²）	单位面积碳排放量—20标准（kgCO₂e/m²）	20世纪80年代单位面积碳排放量（kgCO₂e/m²）	减碳比例—07标准	减碳比例—20标准
建材生产阶段	734.01	734.01	561.99	−30.61%	−30.61%
建材运输阶段	22.90	22.90	22.89	−0.04%	−0.04%
全生命周期	3080.02	2690.71	3721.84	17.24%	27.70%

4.3.2 居住建筑案例——上海某装配式住宅楼

4.3.2.1 项目概况

1. 项目信息

该项目为上海某装配式住宅楼，标准层层高 2.9m，总建筑面积 7446.6m²。该项目地处夏热冬冷地区，外墙保温材料使用膨胀聚苯板，屋顶使用泡沫玻璃保温板，外窗为塑料型材，每户采用空气源热泵空调器，围护结构热工指标及空调系统设备性能取自《建筑节能与可再生能源利用通用规范》GB 55015—2021 和《夏热冬冷地区居住建筑节能设计标准》JGJ 134—2010（2016 年版），详细情况如表 4-68 所示。建筑设计使用年限为 50 年。

装配式建筑主要围护结构热工性能指标和空调系统性能参数　　表 4-68

依据标准	主要围护结构传热系数 K[W/（m²·K）]					空调系统设备性能	
	外墙	屋面	楼板	分户墙	外窗	空调	供暖
《建筑节能与可再生能源利用通用规范》GB 55015—2021	1	0.4	1.8	1.5	东：2.8 南：2.0 西：2.8 北：2.5	3.6	2.6
《夏热冬冷地区居住建筑节能设计标准》JGJ 134—2010（2016 年版）	1	0.6	2	2	东：3.2 南：2.3 西：3.2 北：2.8	2.3	1.9

2. 计算依据

该项目主要计算依据如下：

（1）《建筑节能与可再生能源利用通用规范》GB 55015—2021

（2）《夏热冬冷地区居住建筑节能设计标准》JGJ 134—2010（2016 年版）

（3）《建筑碳排放计算标准》GB/T 51366—2019

（4）广东省《建筑碳排放计算导则（试行）》

（5）《建筑给水排水设计标准》GB 50015—2019

（6）《民用建筑节水设计标准》GB 50555—2010

（7）《上海超低能耗建筑技术导则（试行）》

（8）《实用供热空调设计手册》

（9）《电梯技术条件》GB/T 10058—2009

（10）《建筑全生命周期的碳足迹》

（11）项目概预算表

（12）各专业施工图纸、设备表

（13）建筑节能模型

（14）若干参考文献（在正文标注）

4.3.2.2　建材生产及运输阶段碳排放量

根据建筑工程造价预算表统计材料用量，统计方式同居住建筑案例——重庆某居住建筑项目。

1. 建材生产阶段碳排放量计算（表 4-69）

上海某装配式住宅楼建材生产阶段碳排放量汇总　　　　表 4-69

序号	材料名称	工程用材	单位	碳排放量（$kgCO_2e$）	碳排放量（tCO_2e）
1	混凝土	4363.56	m³	1319732.16	1319.73
2	实心砖	23256.00	块	17651.30	17.65
3	砌块	1015.00	m³	1460.20	1.46
4	铁件	10.00	t	23100.00	23.10
5	钢筋	505.00	t	1166550.00	1166.55
6	模板	32000.00	m²	1059200.00	1059.20
7	水泥砂浆	907.79	t	120.39	0.12
8	混合砂浆	192.63	m³	50384.92	50.38
9	砂石	9.30	t	14.88	0.01
10	涂料	10.85	t	71040.65	71.04
11	防水材料	930.00	m²	2213.40	2.21
12	保温	51.00	m³	3959.20	3.96
13	面砖	2515.00	m²	49042.50	49.04
14	门窗	487.00	m²	18699.70	18.70
15	外墙 PC/PCF 板	687.62	m³	561002.78	561.00
16	PC 阳台 / 空调板	23.51	m³	15843.12	15.84
17	PC 楼梯板	39.01	m³	23780.14	23.78
合计					4383.77

注：建材生产因子按照引用文献给定值；其他建材生产因子参考《建筑全生命周期的碳足迹》。

建材生产阶段碳排放量达到 4383.77tCO₂e，各阶段占比如图 4-21 所示，其中生产混凝土、钢筋和模板的碳排放量占比较大，分别为 30.10%、26.61% 和 24.16%。

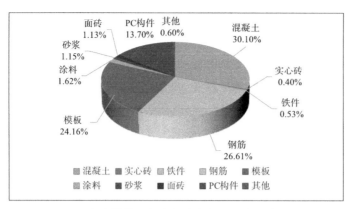

图 4-21　上海某装配式住宅楼生产阶段碳排放量占比

2.建材运输阶段碳排放量计算（表 4-70）

上海某装配式住宅楼建材运输阶段碳排放量汇总　　　　表 4-70

序号	材料名称	工程用量	单位	运输方式	运输碳排放因子 [kgCO$_2$e/（t·km）]	运输距离（km）	碳排放量（tCO$_2$e）
1	混凝土	4363.56	m³	重型柴油货车运输（载重 46t）	0.057	40	25.38
2	实心砖	23256.00	块	重型柴油货车运输（载重 18t）	0.129	500	3.00
3	砌块	1015.00	m³	轻型柴油货车运输（载重 2t）	0.286	500	72.57
4	铁件	10.00	t	重型柴油货车运输（载重 46t）	0.057	500	0.29
5	钢筋	505.00	t	重型柴油货车运输（载重 46t）	0.057	500	14.39
6	模板	32000.00	m²	重型柴油货车运输（载重 46t）	0.057	500	5.47
7	水泥砂浆	907.79	t	轻型柴油货车运输（载重 2t）	0.286	500	129.81
8	混合砂浆	192.63	m³	重型柴油货车运输（载重 30t）	0.078	500	13.52
9	砂石	9.30	t	轻型柴油货车运输（载重 2t）	0.286	500	1.33
10	涂料	10.85	t	重型柴油货车运输（载重 46t）	0.057	500	0.31
11	防水材料	930.00	m²	中型柴油货车运输（载重 8t）	0.179	500	0.06
12	保温	51.00	m³	中型柴油货车运输（载重 8t）	0.179	500	0.55

续表

序号	材料名称	工程用量	单位	运输方式	运输碳排放因子 [kgCO₂e/（t·km）]	运输距离（km）	碳排放量（tCO₂e）
13	面砖	2515.00	m²	重型柴油货车运输（载重30t）	0.078	500	0.05
14	门窗	487.00	m²	重型柴油货车运输（载重30t）	0.078	500	0.46
15	外墙 PC/PCF 板	687.62	m³		0.0981	40	2.70
16	PC 阳台 / 空调板	23.51	m³		0.1234	40	0.12
17	PC 楼梯板	39.01	m³		0.0897	40	0.14
合计							270.15

注：（1）土建工程和安装工程的运输碳排放因子均来自《建筑碳排放计算标准》GB/T 51366—2019；

（2）建材运输阶段 PC 构件的运输碳排放因子单位为 kg/（m³·km）。

建材运输阶段碳排放量达到 270.15tCO₂e，各阶段占比如图 4-22 所示，其中水泥砂浆和砌块运输的碳排放量占比较大，分别为 48.05%、26.86%。

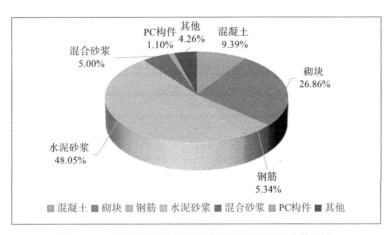

图 4-22 上海某装配式住宅楼运输阶段碳排放量占比

4.3.2.3 建筑运行阶段碳排放量

该项目运行阶段碳排放量包含空调供暖系统、照明系统、插座设备、生活热水和电梯，未利用可再生能源。建筑寿命为 50 年，电网碳排放因子取 2012 年国家发展和改革委员会公布的数据：0.7035（华东区域电网），燃气因子取 2.16kgCO₂e/m³。

1. 空调供暖系统碳排放量计算

根据《建筑节能与可再生能源利用通用规范》GB 55015—2021 确定围护结构热工参数、室内计算温度、空调供暖计算日期、设备性能参数等：

（1）室内计算温度：冬季 18℃，夏季 26℃；

（2）供暖空调运行时间：全年；

系统工作时间：1：00～24：00；

（3）每户采用空气源热泵型空调器，夏季性能系数取3.6，冬季性能系数取2.6。

根据 PKPM-Energy 能耗模拟软件计算出该住宅项目全年供暖空调能耗、全年供暖空调系统的碳排放量（表4-71），全年供暖空调系统碳排放总量达到68550.35kgCO$_2$e，年碳排放量指标达到9.21kgCO$_2$e/m^2。

上海某装配式住宅楼全年供暖空调能耗和碳排放量　　　表 4-71

分项	能耗（kWh）	年碳排放量（kgCO$_2$e）	年碳排放量指标（kgCO$_2$e/m^2）
供暖	37584.24	26440.51	3.55
制冷	59857.62	42109.84	5.65
合计	97441.86	68550.35	9.21

2. 照明系统碳排放量计算

照明功率密度和照明使用时间按《建筑节能与可再生能源利用通用规范》GB 55015—2021 中附录 C 取值，照明功率密度按 5W/m^2，照明时间如表4-72 所示。全年照明系统碳排放总量达到 20219.54kgCO$_2$e，年碳排放量指标达到 2.72kgCO$_2$e/m^2。

上海某装配式住宅楼照明系统使用时间　　　表 4-72

房间类型	照明时间（h/d）	照明时间（h/a）
卧室	3.5	1277.5
起居室	4	1460
厨房	2	730
卫生间	3.2	1168
辅助房间	1.6	584

3. 插座设备碳排放量计算

设备功率密度和设备运行时间按《建筑节能与可再生能源利用通用规范》GB 55015—2021 中附录 C 取值，设备功率密度按 3.8W/m^2。全年插座设备碳排放总量达到 33770.08kgCO$_2$e，如表4-73 所示。

上海某装配式住宅楼全年插座设备能耗和碳排放量　　　表 4-73

房间类型	功率密度（W/m^2）	使用时间（h/a）	运行能耗（kWh）	年碳排放量（kgCO$_2$e）
卧室	3.8	1460	11660.79	8203.36
起居室	3.8	4015	34126.86	24008.24
厨房	3.8	1095	2215.32	1558.48
合计			48002.96	33770.08

4. 生活热水系统碳排放量计算

该住宅楼共 80 户，每户按 3.2 人 / 户、入住率 80% 计算，可得出该住宅的用水单位数是 204.8 人，热水用水定额取 40L/（人·d），热水温度为 60℃，冷水温度为 5℃，生活热水使用天数按《上海超低能耗建筑技术导则（试行）》选择 292d。全年消耗燃气量 16763.51m^3，碳排放总量达到 36209.18kgCO$_2$e。

5. 电梯系统碳排放量计算

该住宅楼共 2 部电梯，每部电梯采用 VVVF 驱动系统，额定功率为 10.8kW，所使用电梯最大运行距离为 65m，额定速度为 2.5m/s。根据《电梯技术条件》GB/T 10058—2009 中的电梯计算公式，计算出每年电梯运行时能耗 2254.19 kWh（运行能耗占比 30%），使用能耗则为 15027.90kWh（运行能耗 + 待机能耗），全年碳排放总量达到 10572.16kgCO$_2$e。

6. 建筑运行阶段碳排放量汇总（表 4-74、图 4-23）

全年建筑运行阶段碳排放量达到 144905.26kgCO$_2$e（144.91tCO$_2$e），50 年总碳排放量达到 8466065.65kgCO$_2$e（8466.07tCO$_2$e），其中空调供暖系统、插座设备碳排放量占比最大，分别为 40.49%、21.38%，单位面积碳排放量指标达到 19.46kgCO$_2$e/m^2。

上海某装配式住宅楼建筑运行阶段碳排放量汇总　　　　　　表 4-74

项目	年碳排放量 （tCO$_2$e/a）	50 年碳排放总量 （tCO$_2$e）	单位面积碳排放量 （kgCO$_2$e/m^2）	占比
空调供暖	68.55	3427.52	9.21	40.49%
照明	20.22	1010.98	2.72	11.94%
插座设备	33.77	1688.50	4.53	19.94%
生活热水	36.21	1810.46	4.86	21.39%
电梯	10.57	528.61	1.42	6.24%
汇总	169.32	8466.07	22.74	100.00%

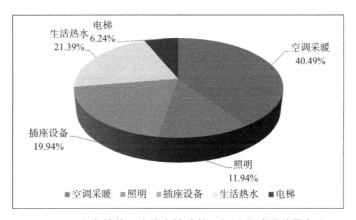

图 4-23　上海某装配式住宅楼建筑运行阶段碳排放量占比

4.3.2.4 建造及拆除阶段碳排放量

1. 建造阶段碳排放量

建造阶段台班消耗量根据以往研究案例（表4-75）进行估算，其中建造阶段产生碳排放的过程主要包括装配式现浇工程和预制构件的供应。根据每种机械使用台班数、能源消耗量及能源因子，统计建造阶段碳排放量，该建筑建造阶段的碳排放量达到159.12tCO$_2$（表4-75）。

建造阶段台班使用情况及碳排放量　　　　　　表 4-75

名称	实际消耗量（台班）	单位台班能源消耗	碳排放量（tCO$_2$e）
履带式挖掘机	24.65	63.00kg 柴油	4.8141
压路机 15t	48.29	42.95kg 柴油	6.4298
柴油打桩机 3.5t	39.16	47.94kg 柴油	5.8197
柴油打桩机 7t	35.83	57.40kg 柴油	6.3756
履带式起重机 15t	39.16	29.52kg 柴油	3.5836
履带式起重机 25t	21.44	36.98kg 柴油	2.4578
汽车式起重机 8t	7.10	28.43kg 柴油	0.6257
汽车式起重机 20t	5.70	38.41kg 柴油	0.6787
塔式起重机 600kN·m	60.30	166.29kg 柴油	31.0846
塔式起重机 800kN·m	57.39	169.16kg 柴油	30.0951
载重汽车 6t	18.65	33.24kg 柴油	1.9218
载重汽车 8t	10.49	35.49kg 柴油	1.1541
载重汽车 15t	7.77	56.74kg 柴油	1.3667
自卸汽车 5t	136.83	31.43kg 柴油	13.3318
双笼施工电梯	138.6	159.94 kWh	15.5949
混凝土输送泵	18.04	243.46 kWh	3.0900
干混浆罐式搅拌机	45.11	28.51 kWh	0.9047
钢筋切断机 40mm	36.37	32.10 kWh	0.8213
钢筋弯曲机 40mm	82.64	12.80 kWh	0.7442
交流弧焊机 40kV·A	77.81	132.23 kWh	7.2382
对焊机 500A	37.70	122.00 kWh	3.2356
直流弧焊机 32kV·A	353.68	70.70 kWh	17.5911
汇总	—	—	159.12

2. 拆除阶段碳排放量

根据以往研究给出的经验公式，该建筑拆除阶段的碳排放量达到24.8tCO$_2$。

$$Y=0.06X+2.01 \qquad (4-6)$$

式中，X——地上层数；

Y——单位面积的碳排放量，单位为 kgCO$_2$。

4.3.2.5　绿化碳汇部分

该项目碳汇包括屋顶绿化、公共场地绿化等，其中场地绿化面积 560.64m²，植物配置、碳汇因子、核算方法均来源于广东省《建筑碳排放计算导则（试行）》。根据绿化面积和绿植种类，选择相应的碳排放因子，按 50 年建筑使用寿命，固碳量达到 240.04tCO₂（表 4-76）。

项目碳汇固碳量　　　　　　　　　　　　表 4-76

绿化位置	面积（m²）	植物配置	碳汇因子（kgCO₂/m²）	年固碳量（tCO₂/a）	全生命周期固碳量（tCO₂）
公共场地绿化	560.64	多年生藤蔓	2.58	1.44	72.24
屋顶绿化	411.79	灌木	8.15	3.36	167.8
总计				4.8	240.04

4.3.2.6　全生命周期碳排放量汇总

该住宅 50 年碳排放量达到 11875.76tCO₂e，单位面积碳排放量为 1.594kgCO₂e/m²，年均碳排放指标达到 31.88kgCO₂e/m²。运行阶段占比最大，为 63.64%，其次为建材生产阶段（32.95%），见表 4-77。

上海某装配式住宅楼全生命周期碳排放量占比　　　　　　　　表 4-77

阶段	50 年碳排放总量（tCO₂e）	单位面积碳排放量（tCO₂e/m²）	占比
建材生产阶段	4383.80	0.589	32.95%
建材运输阶段	270.14	0.036	2.02%
建筑建造阶段	159.12	0.021	1.20%
建筑运行阶段	8466.07	1.137	63.64%
建筑拆除阶段	24.80	0.003	0.19%
建材回收	−1188.13	−0.160	——
绿化碳汇	−240.04	−0.032	——
合计	11875.76	1.594	100.00%

注：占比计算不考虑碳汇和建材回收部分减碳量；负值是减碳量。

4.3.2.7　减碳比例

1. 不同负荷率对碳排放的影响

与《夏热冬冷地区居住建筑节能设计标准》JGJ 134—2010（2016 年版）计算的碳排放量相比，运行阶段（空调系统和照明系统）碳排放量强度降低 10.17kgCO₂e/m²，碳排放强度降低比例为 46.03%。围护结构热工性能和设备性能对空调系统能耗的影响较大，与《夏热冬冷地区居住建筑节能设计标准》JGJ 134—2010（2016 年版）相比，基于《建筑节能与可再生能源利用通用规范》

GB 55015—2021 的建筑供暖能耗降低了 48.76%，制冷能耗降低了 54.43%。相对于空调系统，照明能耗减少比例偏少，降低比例约为 16.67%，如表 4-78 所示。

不同节能率水平碳排放 表 4-78

标准	供暖耗电量（kWh）	制冷耗电量（kWh）	照明耗电量（kWh）	单位面积总耗电量（kWh/m²）	运行碳排放强度降低（kgCO₂e/m²）	运行碳排放降低比例
《建筑节能与可再生能源利用通用规范》GB 55015—2021	59857.62	37584.24	28741.35	16.95	10.17	46.03%
《夏热冬冷地区居住建筑节能设计标准》JGJ 134-2010（2016 年版）	116811.49	82483.25	34489.62	31.39		

2. 不同工艺对碳排放的影响

该装配式建筑采用 PC 结构，采用叠合楼板、预制楼梯等构件，预制率达到 30%，根据第 4.3.2 节，建造阶段碳排放量为 159.12tCO₂。根据已有案例估算现浇建筑建造阶段碳排放量，达到 170.16tCO₂。与现浇建筑相比，装配式建筑建造阶段碳排放量降低 6.5%。

4.3.3 典型居住建筑碳排放强度特征

该案例选取了成都市 10 栋典型居住建筑进行考察，根据住宅建筑全生命周期碳排放模型以及遴选出模型所需的基础数据，对所选建筑碳排放情况进行全面剖析，进一步揭示建筑全生命周期各个阶段的碳排放特征。其中典型建筑不是某一个具体住宅，而是指在房屋布局、建筑尺度、外墙形式等方面具备较强的代表性。

4.3.3.1 项目概况

1 号、2 号、3 号、4 号建筑物为多层框架结构居住建筑，2003 年竣工投入使用；5 号、6 号、7 号、8 号、9 号、10 号建筑物为框架剪力墙结构居住建筑，2010 年竣工投入使用，设计使用年限均为 50 年。10 栋建筑物主体结构、围护结构、填充结构建材及施工工艺类似，因此数据采集、处理具有相似性，建筑选择具有科学性，如表 4-79 所示。

所选建筑基本情况 表 4-79

建筑编号	建筑地点	建筑类型	建筑面积（m²）	建筑结构	建设时间	使用年限
1	四川省成都市金牛区长庆东一路	住宅	4173	框架结构	2003 年	50 年
2			4945	框架结构	2003 年	50 年
3			4221	框架结构	2003 年	50 年

建筑编号	建筑地点	建筑类型	建筑面积（m²）	建筑结构	建设时间	使用年限
4	四川省成都市金牛区长庆东一路	住宅	3153	框架结构	2003 年	50 年
5	四川省成都市武侯区武阳大道三段		17442	框架剪力墙结构	2010 年	50 年
6			15110	框架剪力墙结构	2010 年	50 年
7			14507	框架剪力墙结构	2010 年	50 年
8			13897	框架剪力墙结构	2010 年	50 年
9			6258	框架剪力墙结构	2010 年	50 年
10			7166	框架剪力墙结构	2010 年	50 年

4.3.3.2　建材生产及运输阶段碳排放量

1. 建材生产阶段碳排放量计算

各种主要建材消耗量均来自工程材料清单，该阶段碳排放量分别按照主体结构、围护结构、填充结构进行计算和统计。计量数据转换成单位建筑面积碳排放量，并考察各类建材的比例。建材生产阶段碳排放量核算结果见表 4-80、表 4-81。

主要建材单位面积碳排放量　　表 4-80

主要建材	建材单位面积碳排放量（tCO₂/m²）	占比
砂砾	0.000977	0.20%
碎石	0.000109	0.02%
钢材	0.214969	43.54%
水泥	0.030466	6.17%
混凝土	0.121901	24.69%
砌块	0.055203	11.18%
浆料	0.045379	9.19%
木材	0.000253	0.05%
PVC 塑料	0.005768	1.17%
石灰	0.015125	3.06%
建筑玻璃	0.003559	0.73%
合计	0.493709	100.00%

不同结构单位面积碳排放量　　表 4-81

不同结构	建筑结构单位面积碳排放量（tCO₂/m²）	占比
主体结构	0.335335	71.97%
围护结构	0.102216	21.94%
填充结构	0.028389	6.09%
合计	0.465940	100.00%

各栋建筑主要建材的单位面积碳排放量均值为465.94kgCO$_2$/m^2，其中钢材、混凝土、砌块的排放占有主导地位，单位面积碳排放量分别为214.97kgCO$_2$/m^2、121.90kgCO$_2$/m^{2}和55.20kgCO$_2$/m^2，其比例分别为46.14%、26.16%和11.85%。从不同的建筑结构来看，主体结构单位面积碳排放量最高为335.34kgCO$_2$/m^2，主体结构、围护结构、填充结构碳排放量构成比例分别为71.97%、21.94%和6.09%。

2.建材运输阶段碳排放量计算

建材运输阶段，其中运输距离来自各建材的运输距离，是实际数据，分别带入相关的计算模型，碳排放量运输部分的核算结果见表4-82。

建材运输阶段单位面积碳排放量　　　表4-82

运输建材	运输距离（km）	建材运输单位面积碳排放量（tCO$_2$/m^2）
钢材	160	0.001265
商品混凝土	17	0.002364
砂砾	38	0.001712
碎石	38	0.000228
水泥	68	0.000417
碎砖	38	0.000309
烧结空心砖	38	0.000918
红（青）砖	38	0.000559
缸砖	38	0.000050
石材	38	0.000057
玻璃	50	0.000039
PVC塑料	1900	0.000215
钢衬	1900	0.000645
页岩实心砖	38	0.000268
页岩空心砖(KF)	38	0.000246
标准砖	38	0.000191
烧结多孔砖	38	0.002909
浆料	63	0.002629

从数据来看，在建材运输阶段中烧结多孔砖、浆料、商品混凝土的碳排放量较大，单位面积碳排放量超过23kgCO$_2$/m^2；而PVC塑料、钢衬的实际运输距离明显高于其他材料，实际生产厂家距离项目所在地较远。

4.3.3.3 建筑运行维护阶段碳排放量

建筑运行维护阶段分为运行使用和建筑维护两个部分，其中运行使用部分所采集的家庭用电、用水、用气以及公共水电数据均来自政府部门，通过推算得出建筑50年的能耗总量，确定使用阶段单位面积碳排放量，核算结果见表4-83。

主要能源单位面积碳排放量　　　　　表 4-83

主要能源	建筑能耗单位面积碳排放量（tCO_2/m^2）	占比
水	0.052324	3.02%
电	1.357176	78.39%
气	0.321835	18.59%
合计	1.731335	100.00%

根据表 4-83 在 50 年的运行使用期间，建筑能耗单位面积碳排放量均值为 1.7313 tCO_2/m^2，其中单位面积消耗电能所产生的碳排放比例高达 78.39%，原因是家用电器的设备总功率较大、运行时间较长。维护部分中，到目前为止考察的 10 栋建筑没有重大维护和修缮，为了研究该阶段的碳排放水平，根据该建筑设计方给出的数据，玻璃、PVC 塑料等建材需要更新，从其生产到运输施工阶段的单位面积碳排放量均值为 25665$kgCO_2/m^2$。

4.3.3.4　建造及拆除阶段碳排放量

1. 建造阶段碳排放量

施工建造阶段分为施工机具运行、施工现场管理两个部分。其中各机具设备定额功率、运行时长均是实际数据，分别代入相关的计算模型。施工机具和现场管理部分的碳排放量核算结果见表 4-84。

施工建造阶段施工机具和现场管理部分单位面积碳排放量　　表 4-84

施工机具	单位面积碳排放量（tCO_2/m^2）
吊式起重机	0.003673
升降机	0.010086
打夯机	0.000002
圆盘锯	0.000106
钢筋弯曲机	0.000142
钢筋调直机	0.000260
钢筋切断机	0.000260
交流电焊机	0.000795
电渣压力焊机	0.001558
闪光对焊机	0.003220
混凝土输送泵	0.000465
混凝土振动器	0.000062
现场管理设备	单位面积碳排放量（tCO_2/m^2）
空调	0.000154
照明	0.002248
打印机	0.000002
电脑	0.000319

施工机具运行部分，升降机单位面积碳排放量最高为 $10.09kgCO_2/m^2$；施工现场管理部分用于照明的碳排放量占主导地位，达到 $2.25kgCO_2/m^2$。

2. 拆除阶段碳排放量

该阶段分为拆除和处置两个部分，拆除阶段主要考察拆除主要建材的总量以及拆解不同工艺的工程量，处置阶段考察需要处置的各建材总量以及所需的运输过程产生的碳排量，见表4-85。

拆除阶段单位面积碳排放量 表4-85

拆除部分	单位面积碳排放量（tCO_2/m^2）
钢材	0.000048
混凝土	0.002641
砂石	0.001782
砌块	0.003221
木材	0.000031
处置部分	单位面积碳排放量（tCO_2/m^2）
钢材	0.000237
商品混凝土	0.004173
砂砾	0.001352
碎石	0.000180
水泥	0.000184
碎砖	0.000244
烧结空心砖	0.000724
红（青）砖	0.000441
缸砖	0.000040
石材	0.000045
玻璃	0.000023
PVC 塑料	0.000003
钢衬	0.000010
浆料	0.001252
页岩实心砖	0.000212
页岩空心砖（KF）	0.000194
标准砖	0.000151
烧结多孔砖	0.002297

拆除部分中对于主要建材来说，砌块与商品混凝土的碳排放量比较突出，分别达到 $3.22kgCO_2/m^2$、$2.64kgCO_2/m^2$；处置部分混凝土和砂砾的碳排放明显高于其他材料。

4.3.3.5　回收阶段碳排放量

在回收阶段的碳排放核算中，假定对钢材、混凝土、砌块、木材和玻璃等主要建材进行循环再利用，其他废料填埋，将因循环再利用相对于全新材料减少的碳排放纳入核算体系中。该阶段的碳排放量为负值，通过核算各类建材被抵消的碳排放量均值为 $2709.97tCO_2$，单位面积碳排放量均值为 $313.37kgCO_2/m^2$。由此可见，从全生命周期的角度，对建材进行回收再利用的节能减排效果非常明显。

4.3.3.6　全生命周期碳排放量汇总

完成所有单体住宅碳排放计量，得到全生命周期单位面积碳排放量为 $1.957tCO_2/m^2$。其中建材开采阶段均值为 $0.466tCO_2/m^2$，施工阶段均值为 $0.032tCO_2/m^2$，运行维护阶段均值为 $1.757tCO_2/m^2$，拆除处置阶段均值为 $0.015tCO_2/m^2$，回收阶段可在建材开采生产阶段抵扣的碳排放量均值为 $0.313tCO_2/m^2$。所选 10 栋建筑不同阶段的碳排放量见表 4-86。

10 栋建筑不同阶段的碳排放量　表 4-86

建筑编号	各阶段建筑碳排放量（单位：tCO_2/m^2）					合计
	开采生产	施工建造	运行维护	拆除处置	回收循环	
1	0.539	0.047	1.493	0.016	−0.347	1.748
2	0.533	0.046	1.479	0.015	−0.342	1.728
3	0.558	0.047	1.279	0.015	−0.374	1.525
4	0.568	0.050	1.598	0.016	−0.365	1.867
5	0.421	0.018	1.894	0.016	−0.290	2.059
6	0.394	0.015	1.938	0.014	−0.275	2.086
7	0.420	0.025	2.000	0.015	−0.292	2.168
8	0.423	0.025	1.917	0.017	−0.293	2.089
9	0.424	0.023	1.927	0.013	−0.298	2.089
10	0.379	0.024	2.044	0.014	−0.258	2.203
均值	0.466	0.032	1.757	0.015	−0.313	1.957

从全生命周期各个阶段的碳排放量来看，建材开采阶段占到整个过程的 7.79%（已考虑回收阶段抵扣的碳排放量），施工建造阶段为 1.64%，运行维护阶段为 89.78%，拆除处置阶段为 0.77%。通过合理回收、循环利用可以大大减少生产阶段的碳排放量，同时运行维护阶段的碳排放量最高，对于整个生命周期合理控制该阶段碳排放量是建筑节能减排的关键。

本章节从全生命周期的角度，对成都市 10 栋住宅建筑的二氧化碳（CO_2）排放量进行了完整的计量统计。结果表明，住宅建筑单位面积二氧化碳（CO_2）平均排放量为 $1.957tCO_2/m^2$。在整个生命周期各个阶段中，建筑运行使用过程中的碳排放量占到整个生命周期的 89.8%。因此发展低碳建筑，降低运行使用阶段的碳排放效果明显。

4.4 公共建筑与居住建筑碳排放各阶段占比及分析

以辽宁省朝阳万达商业广场为例，其全生命周期各阶段碳排放占比如表4-87、图4-24所示，可以看到运行期间建筑的碳排放量占比最高，为90.04%，其次为物化阶段（建材生产、建材运输、施工阶段），为9.06%。该公共建筑全生命周期单位面积碳排放量指标为4.85tCO$_2$/m^2。

公共建筑建筑全生命周期碳排放量　　　　　　　表 4-87

阶段	碳排放量（tCO$_2$）	占比
建材生产阶段碳排放量	35624.49	7.60%
建材运输阶段碳排放量	1186.35	0.25%
建造阶段碳排放量	5686.81	1.21%
运行阶段碳排放量	422276.67	90.04%
拆除阶段碳排放量	4208.83	0.90%
全生命周期总碳排放量	468983.15	100%
全生命周期单位面积碳排放量（tCO$_2$/m^2）	4.85	—

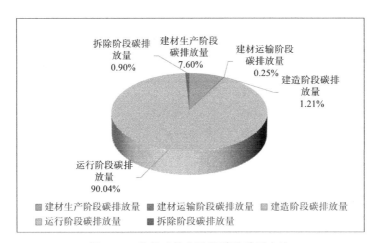

图 4-24　公共建筑各阶段碳排放量占比

以典型居住建筑碳排放强度特征为例，其全生命周期各阶段碳排放占比如表4-88、图4-25所示，可以发现运行维护阶段为89.78%，建材开采阶段占到整个过程的7.79%（已考虑回收阶段抵扣的碳排放量），施工建造阶段为1.64%，拆除处置阶段为0.77%。该住宅建筑全生命周期单位面积二氧化碳（CO$_2$）平均排放量为1.957tCO$_2$/m^2。

居住建筑不同阶段碳排放量 表 4-88

阶段	碳排放量（tCO₂/m²）	占比
开采生产阶段碳排放量	0.466	23.81%
施工建造阶段碳排放量	0.032	1.64%
运行维护阶段碳排放量	1.757	89.78%
拆除阶段碳排放量	0.015	0.77%
回收阶段碳排放量	-0.313	−16.00%
全生命周期总碳排放量	1.957	100%

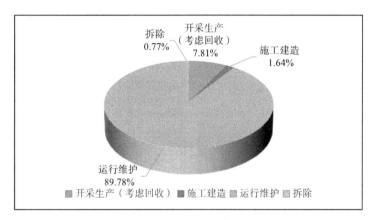

图 4-25 居住建筑各阶段碳排放量占比

因此，两类建筑的共同点是在运行阶段建筑碳排放量占比最高，其次为建筑开采生产阶段，并且其他阶段占比大小排序也大致相同。所以针对公共建筑和居住建筑降低全生命周期碳排放量最有效的方式是控制运行阶段的碳排放，通过采用高效灯具、高性能供暖空调设备、智能化控制、完善运行管理等方式，减少建筑运行所需要的能源消耗，降低碳排放量。合理选择建材种类，选择可再生循环和碳排放因子小的建材，同时，优化结构设计，完善建造过程管理，减少建筑材料的使用和浪费。因此发展低碳建筑，降低运行使用阶段的碳排放效果明显。

针对居住建筑，通过合理回收、循环利用可以大大减少生产阶段的碳排放量，同时运行维护阶段的碳排放量最高，对于整个生命周期合理控制该阶段碳排放量是建筑节能减排的关键。

两类建筑的不同点是全生命周期单位面积总碳排放量不同，这可能是由于建筑面积、用途等造成的。还可以体现出公共建筑相比居住建筑的单位面积碳排放量更大，说明在公共建筑使用时能耗更多，所以在公共建筑中发展绿色建筑，是降低碳排放的主要方向。

4.5　既有建筑改造项目碳排放计算案例

公建案例——武汉市武昌区某办公楼

1.项目概况

湖北省建研院中南办公区绿建综合改造项目位于武汉市中南路16号，原办公楼始建于20世纪80年代。项目净用地面积2699.42m²，总建筑面积5564.02m²，共6层，无地下室，结构形式为砖混结构＋框架结构。总投资约992万元，其中绿色建筑增量成本约105万元。项目于2019年10月立项，于2021年3月完成改造工作，如图4-26所示。

图4-26　建筑改造前后实景对比

项目改造范围主要包括围护结构节能改造、暖通空调设备改造、室内功能房间改造、室内公共区域改造、绿化景观改造、节能灯具及节水器具改造、建筑智能化系统改造等。

通过既有建筑绿色改造，项目实现了湖北省内首个三星级绿色建筑、三星级健康建筑既有建筑改造项目的突破。项目深入践行了绿色低碳发展的理念，入选住房和城乡建设部城乡建设领域碳达峰碳中和先进典型案例（第一批），有效地推动了湖北省内既有建筑节能绿色改造工作的开展，产生了良好的社会效益。

该项目为既有建筑改造项目，故案例分析中不进行本体建设施工及建材生产阶段碳排放的计算。重点针对此案例改造前后运行阶段的碳排放进行计算，通过对比，探讨建筑的减碳策略和设计优化方案。

2.建筑节能改造实施情况

由于大楼设计建成年代久远，建筑围护结构未采取相关节能措施。前期对建筑进行了详细的节能诊断分析，制定了相应的节能改造方案。

（1）改造前建筑主要情况

①外墙构造为240mm厚烧结普通砖，表面用薄抹灰找平。内隔墙采用240mm厚烧结普通砖。屋面用双层防水和水泥砂浆作为保护层。建筑外窗采用普通铝

合金推拉窗，玻璃为普通双层玻璃；部分房间为普通塑钢窗，玻璃为普通单层玻璃。

②建筑空调采用普通分体空调，大部分选用 1.5P 的分体式空调，少部分大开间办公室选用 5P 的分体式空调，总数量 135 台。由于相关节能管理制度的不完善，设备的启停有一定的随意性，运行维护存在人为管理不善的问题，导致能源浪费。项目未设置生活热水和机械通风系统。

③建筑供配电由专用线路供入室外低压箱式配电所——由 2 个低压柜组成，分别向建筑供电，未设置专用变压器。建筑室内照明主要为普通荧光灯，少数办公区域后期装修更换了 LED 节能灯。走道、卫生间等公共区域照明控制为手动开关控制。室内照度不符合现行国家标准《建筑照明设计标准》GB 50034 的要求。

（2）改造后实施情况

①项目外墙采用 40mm 厚岩棉板进行内保温，改造后外墙加权平均传热系数为 0.72W/（$m^2 \cdot K$）；屋面采用 60mm 厚 XPS 板进行保温，改造后其传热系数为 0.50W/（$m^2 \cdot K$）；部分钢屋面采用 110mm 玻璃棉保温，改造后其传热系数为 0.40W/（$m^2 \cdot K$）；外挑或架空楼板采用 60mm 厚岩棉板进行保温，改造后其传热系数为 0.63W/（$m^2 \cdot K$）；外窗全部更换为断热铝合金平开窗（6Low-E+12Ar+6 镀膜玻璃），传热系数为 2.4 W/（$m^2 \cdot K$），玻璃太阳得热系数 0.30。改造后建筑围护结构规定性指标均满足《公共建筑节能设计标准》GB 50189—2015 规定性指标要求。

②建筑供暖空调采用高效多联机空调系统，包括 2 台 18HP、2 台 28HP、2 台 46HP 普通多联机和 1 台 100.5HP 光伏多联机，能效均为一级，$IPLV$=5.0。改造后空调系统设备性能指标符合《公共建筑节能设计标准》GB 50189—2015 相关要求。

③建筑室内照明均采用 LED 节能灯具，走道、卫生间等公共区域采用声控 + 光控的节能控制措施，各功能区域照明功率密度、照度及照度均匀度均符合《建筑照明设计标准》GB 50034—2013 目标值及相关要求。

④另外，改造后采用太阳能热水系统，同时辅助空气源热泵，热水供应比例达 80%，主要为卫生间及茶水间提供生活热水。系统采用真空横管式集热器，集热器与水箱直接循环，同时设置循环立管，可实现热水系统配水点出水时间不超过 10 s。热水管为不锈钢管，设置紫外线消毒器，可提供高效卫生的热水，提高员工用水舒适度。新增的太阳能热水系统，充分利用屋面空间和日照资源，可有效节能，减少建筑运行过程中的碳排放。

3. 建筑使用阶段碳排放量

项目节能降碳水平的基准值取 2018 年的运行能耗，即改造前该大楼实际运行的能耗值，单位面积耗电量为 94.27 kWh/m^2，能耗值全为电耗，无其他类型的能耗；利用 DeST-C 软件对改造前的能耗进行模拟计算，得到大楼总能耗模拟值与实际值仅相差 2.42%，说明模拟值具有一定的可信度。利用该软件对改造后的模型进行能耗模拟，分析计算得到改造措施的节能降碳水平如表 4-89、图 4-27 所示。其中高效空调的节能率未计入光伏组件发电量，对于光伏组件，单独计算其节能降碳效果。

碳减排量计算采用的碳排放因子法，改造单项措施因节省耗电量产生的碳减排量取节电量与电力碳排放因子的乘积，电力碳排放因子取 0.5257kgCO₂/kWh；因节水产生的碳减排量取节水量与处理单位污水的碳排放量的乘积，节约 1t 自来水可减排 1.05kgCO₂。

改造后节能降碳水平计算表 　　　　　　　　　　表 4-89

编号	改造措施	节能量 [kWh/（m²·a）] 或节水量（t）	节能率（%）	碳减排量（kgCO₂/m²）
1	围护结构节能改造	11.89	9.75	6.25
2	高效空调系统（不含光伏）	14.82	16.11	7.79
3	节水器具	1623.51	—	0.31
4	节能灯具	15.16	16.48	7.97
5	光伏发电	5.65	5.99	2.97
6	太阳能热水	0.57	0.60	0.30
合计		—	48.93	25.58

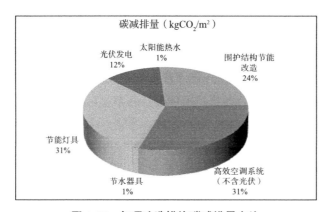

图 4-27　各项改造措施碳减排量占比

综合考虑各项改造措施后，相对于改造前实际能耗，项目预期节能率为 48.93%，节能量为 48.09kWh/（m²·a），节水量为 1623.54 t，碳减排量为 25.58kgCO₂/（m²·a），节能、节水、减碳效果明显。其中节能率、节能量、碳减排量均考虑了可再生能源的节能效果，碳减排量还考虑了节水的减排效果。

4. 经济效益分析

该改造项目总投资额约 992 万元，单位面积改造成本 1782.88 元 /m²，单位面积改造成本详见表 4-90。第 1 ~ 6 项绿色改造技术措施成本合计 485.87 元 /m²，绿色改造成本占比约 27.25%，较为经济合理。其中围护结构节能改造、高效光伏空调系统成本占比达 25.78%。

成本组成分析表 表 4-90

编号	改造项目	成本（元 /m²）	占总投资额比例
1	围护结构节能改造	265.47	14.89%
2	高效空调系统（不含光伏）	179.73	10.08%
3	节水器具	19.39	1.09%
4	节能灯具	5.10	0.29%
5	光伏发电	14.38	0.81%
6	太阳能热水	1.80	0.10%
7	其他	1297.01	72.75%
	合计	1782.88	100.00%

综合考虑各项改造措施后，项目节能改造成本约 485.87 元 /m²，按照电价 0.6907 元 /kWh、自来水价 3.49 元 /t 计算，每年预计节省电费及水费共计 34.18 元 /m²，静态回收期约为 14 年。

从单项改造技术措施来看，节能灯具、光伏发电、太阳能热水的回收期均小于 5 年，经济效益良好，其中节能灯具回收期小于 1 年。多联机空调系统、节水器具以及围护结构节能改造的回收期较长，经济效益较差，见表 4-91。

经济效益计算表 表 4-91

编号	改造项目	成本（元 /m²）	节约费用（元 /m²）	回收期（年）
1	围护结构节能改造	265.47	8.21	32.33
2	高效空调系统（不含光伏）	179.73	10.24	17.55
3	节水器具	19.39	1.02	19.01
4	节能灯具	5.10	10.41	0.49
5	光伏发电	14.38	3.91	3.68
6	太阳能热水	1.80	0.39	4.62
	合计	485.87	34.18	14.22

若将更高的节电率、更低的增量成本、更低的碳减排量、更短的静态投资回收期的技术定义为适用性更强的技术，采用敏感度分析，对大楼采用不同改造技术后在不同指标下的适用性由强到弱进行排序，如表 4-92 所示，可知该项目采用节能灯具、高效空调的节能减排效果和经济效益均优于围护结构节能改造，适用性更强。

适用性排序 表 4-92

指标排序	节电率	成本	碳减排	回收期
1	高效空调	节能灯具	高效空调	节能灯具
2	节能灯具	节水器具	节能灯具	高效空调

指标排序	节电率	成本	碳减排	回收期
3	节能外窗	屋面保温	节能外窗	屋面保温
4	屋面保温	外墙保温	屋面保温	节水器具
5	外墙保温	节能外窗	外墙保温	节能外窗
6	—	高效空调	节水器具	外墙保温

据此，计算研究表明，改造采用节能灯具、太阳能热水、光伏多联机的回收期较短，即采用高效的照明、空调系统、热水系统等设备系统节能改造经济效益优于围护结构节能改造，设备系统节能改造措施值得同类建筑节能改造借鉴，可优先考虑。另外围护结构节能改造投资回收期较长。因此建筑设计中宜采用敏感度分析方法，拟定建筑节能减碳设计方案或策略。

4.6 减碳策略及设计方案优化思路

4.6.1 碳排放计算常见的减碳策略

自从国家明确提出"双碳"目标后，与能源消耗相关的行业均在紧锣密鼓地制定减碳措施。依据 2018 年相关数据，建筑业全过程碳排放量达到全国碳排放总量的 51% 以上。在建筑业全过程碳排放的 3 个阶段中，建材生产阶段占比 28%、建筑运行阶段占比 2%，而建筑施工阶段占比只有 1%。但是根据传统计算方法，施工阶段能耗仅包括施工所需的油、电、气等能源消耗，将材料运输产生的碳排放纳入交通运输业中。虽然施工阶段直接产生的碳排放较少，但该阶段的需求直接决定了建筑材料的生产和运输。对于建筑企业来说，降低碳排放的手段主要包括节约资源和能源、减少废弃物、最大可能地利用可再生资源和能源。

《建筑节能与可再生能源利用通用规范》GB 55015—2021 中第 2.0.3 条要求新建的居建建筑和公共建筑需要进行碳排放强度降低值以及降低比例的计算。这里强调的碳排放的计算范围，最基本的要求是需要计算运行阶段的碳排放，该部分是与建筑节能设计最直接相关的阶段，是建筑全生命周期中碳排放占比最高的阶段，同时也鼓励做全生命周期的碳排放计算。可以从建筑物的全生命周期考虑减碳策略，包括规划、设计、施工、运营、拆除，综合考虑各个阶段产生的碳排放量（图 4-28）。

4.6.1.1 城市规划阶段减碳策略

建筑规划初期应当科学合理布局，减少热岛效应，构建生态城市。据美国能源部报告，美国大城市市区的气温日常比周围郊区高 3.3 ~ 4.4 ℃，仅在洛杉矶，约 5% 的耗电量被用于抵消热岛效应所带来的市区升温。热岛效应不仅表现在中心城区温度高、污染气体浓度高，同时还影响城市的微气候及降雨分布。因此，节约能源不仅需要从单个建筑的尺度考虑，更要从片区甚至整个城市的尺度考虑，建筑的规划

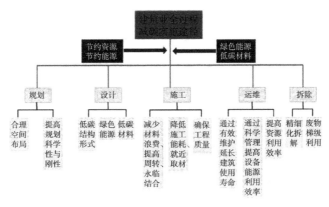

图 4-28 建筑业全过程减碳实施途径示意图

与布局应该更加合理，更有利于水分、气体和能量的交换，更有利于减小热岛效应。通过合理地布置绿地、水体、屋顶绿化等措施，可以有效减少地表热量的吸收，恢复城市的生态功能；合理设计街道走向以及建筑物的分布，增加空气的流动性，使得热量和污染物更容易扩散；采用对太阳光反射率更高的新型建筑材料，提高反射率，减少热量吸收；改用渗透性的地面铺装材料，增强地表与地下土体的水、气交换。另外，增强规划的科学性与前瞻性，杜绝"短命建筑"，推广地下综合管廊，减少"拉链"马路，减少重复建设等举措也能够大大发挥规划在建筑业减碳中的龙头作用。

4.6.1.2 建筑设计阶段减碳策略

传统建筑的设计通常只考虑建筑的功能性，采取固定的建造模式，低碳概念下的建筑设计更加重视建筑与环境的融合。以绿色、节能、环保等为设计理念，加强技术引领，采用低碳的结构形式和建筑材料，推广应用可再生能源，开展固体废弃物和废水的资源化利用。建筑运营阶段能耗很大程度上取决于设计阶段，尤其是大型公用建筑，通过设计优化，降低建筑运营阶段的能耗，打造低碳建筑、低碳社区、低碳城市。低碳的结构设计包括更加节能的围护结构和屋顶绿化、高性能遮阳系统、自动采光和通风系统、智能楼宇环境控制系统、水资源循环利用系统、高效的能源收集与储存系统等。

在设计选材阶段，着眼于减少高碳排放量材料的应用，推广低碳材料，如基于固废的新型墙体材料、气凝胶隔热材料、高性能混凝土、长寿命生态屋面材料等，尽可能地采用竹木材料等可再生资源，降低碳排放。在能源供给方面，结合地域特点，因地制宜地应用太阳能、地热和风能等可再生能源、工业废热和沼气资源，进而减少碳排放。

在废物利用方面，推动建筑垃圾等固废再生建材产品在非承重结构中的应用，打造无废工地、无废城市。推动中水和雨水的资源化利用，通过合理的收集与储存设施，将其用于景观用水、绿化用水、市政杂用水、工业用水和农业灌溉用水。另外，在房产开发领域，探索业主定制化户型和装修，减少内墙拆除重砌造成的浪费。

在建筑节能设计中，一方面要做好门窗、墙体和屋面的节能措施，另一方面还要结合具体工程做好室内节能设计。例如，在进行建筑设计过程中，制定合理、完善的照明节能方案，尽量选择节能设备，合理选择节能光源与照明线路，设计与安装可行、合理的开关，同时要加强自然光的照明应用；在太阳能充足的地区，尽可能地设计和采用太阳能光伏发电装置，有效利用风、光、生物质等清洁、可再生能源；另外，做好建筑的供暖节能措施，特别是在寒冷的冬季，建筑物的热量损耗较大，导致室内温度偏低，做好建筑的供暖节能措施尤为重要，通过合理规划供暖管网，缩短供暖管长度，保证管道的保温与预防热量的损耗，通过集中供热的方法，能在一定程度上达到节约能源与降低能耗的目的。

4.6.1.3　建筑施工阶段减碳策略

加强组织管理，更加有针对性地推行"四节一环保"，减少施工阶段材料和能源的浪费，减少施工造成的环境污染。通常项目材料费用占工程直接成本的70%左右，很多项目现场材料管理失控、材料浪费严重，因此材料损耗管控既直接影响工程成本和经济效益，也影响碳排放量。推广施工便道、围墙和消防等临时设施与永久设施相结合，推广应用虚拟样板，提高资源和能源的利用效率。加强施工过程质量管控，提高工程建设质量，减少返工或者维修次数，确保能够达到设计使用寿命，消除类似"楼脆脆""豆腐渣"工程造成资源和能源浪费的情况。施工辅助材料尽可能采用可以多次循环利用的产品，并加强保养，提高其周转率，如用铝模板替代更易变形的木模板，钢管替代混凝土梁用于基坑内支撑；采用喷淋式的表面土体固化剂替代传统绿网覆盖裸露土体，避免绿网损坏后混入土中，给环境造成难以修复的危害。尽量就地取材，实施原位化利用，减少材料运输过程的碳排放。通过合理的机具选型、施工工艺和施工参数优化，减少施工过程能源消耗。如盾构施工时，根据地层情况选择合适的盾构机类型、刀盘形状及布置形式，将直接提升盾构机施工效率；同时，盾构机电力消耗与掘进速度、刀盘扭矩、刀盘转速和推力等参数密切相关，通过选用合理的掘进参数和优良的渣土改良剂，可以降低盾构机掘进单位长度的能耗。推广应用轻质墙板、预制飘窗、预制阳台、预制楼梯等装配式部件，减少现场湿作业工程量，进而实现低碳施工。合理设置材料堆放场地，减少材料的二次搬运。推广施工阶段废水的资源化利用，将基坑降水抽出的地下水用于混凝土养护、机具和设备的冲洗、施工现场路面喷洒以及绿化浇灌等。

4.6.1.4　建筑运维阶段减碳策略

通过制度建设和宣传，倡导环保理念，培育低碳的行为习惯。运营阶段减碳行动主要通过对人的行为习惯的规范来实现。建筑运营阶段的碳排放主要是消耗能源产生的排放，如设备（电梯、照明系统、家用电器、供水系统、燃气等）运行用电、用气、用油。对于公共建筑宜配备能耗管控系统，对设备运行状态实时监控并记录能耗、水耗等运行数据，实施精细化能耗管控策略，根据室外天气状况、室内人员需求，对照明、空调等能耗设备运行状态实行自动控制，可以降低运营能耗。对于住宅，推广应用智能家居系统，及时关闭不用的电器，节约能源。通过定期对建筑和设备进行检查和及时维护，提高建筑物以及设备、设施等的使用寿命。

4.6.1.5　建筑拆除阶段减碳策略

实施精细化拆解，提高拆除物再利用的价值。对于结构整体性损坏，已经无法通过维修来维持功能的建筑，只能拆除。传统的粗放式拆除方法，例如推倒式拆除和爆破拆除会导致再生骨料中各种杂质含量高、粉料比重高，难以实现其高值化利用。同时，传统拆除方法是整体性毁灭，门窗在拆除过程中都被损坏，砖块被碎成骨料，再用水泥胶结制备再生砖，在破碎、筛分过程中浪费了大量的能源，而采用水泥胶结制砖过程也消耗了高碳排放值的水泥。如能将门窗、砖块等部件整体拆除和回收利用，将大幅降低碳排放。针对一些老旧城区的拆除工程，可基于工程整体环境和结构设计，对拆除主体进行精细化区域划分，结合静力切割、水射流等技术对建筑设施进行精细化拆除，从而实现建筑低碳、安全、经济、高效、环保的拆除目标。

4.6.1.6　国家与地方相关政策法律制度的完善

1. 推动国家与地方相关政策和法律制度的完善

政府部门是搭建在建筑行业和民众之间的桥梁，一方面，政府相关职能部门应利用各方面的资源，从不同渠道、不同方面对低碳建筑理念和减碳举措进行大力宣传，在关键时刻对建筑业的减碳项目给予政策支持。同时应对建筑物修建和使用过程中实行全程、全方位监督。另一方面，应当清除推广减碳技术的障碍，让减碳设计与施工深入人心，让每个工程技术人员都能主动参与到减碳行动中。对现有规划、设计与施工方案进行绿色审查，从源头上把控绿色建造，推动各个阶段减碳策略与技术清单的完善，为建筑领域减碳行动的实施提供制度保障。同时，各级政府应当加强碳排放权的登记、交易与结算管理，不断推进低碳产品的认证，制定财政支持政策，强化监督执法，引导低碳生产与消费，以促进建筑行业更好更快的低碳发展。

2. 修改与完善相关标准体系

采用低碳原则对现有标准体系进行审查，推动相关标准完善，对于非承重结构，在能够采用低强度建材满足功能性需求的场合，尽可能采用低强度产品，将好的天然骨料用在承重结构上，将再生骨料用在园林工程中，实现建材产品的梯级利用。如降低路沿石强度标准，并采用建筑垃圾或再生产品制作，可在一定程度上降低碳排放。对于南方内墙保温层的使用，一直存在争议，现实中业主装修时常常铲除外墙附近的内保温层，这样既造成材料浪费，也造成人力浪费。建筑底板浇筑时需要砌筑砖胎膜，目前常采用烧结实心砖，如能采用固化渣土制备的低强度黏土免烧砖，可大幅降低碳排放。同样，在围墙、花坛、检查井等非承重构筑物建设时，均可大量采用再生建材产品。

4.6.1.7　推动低碳相关研究

1. 开展低碳建造技术研究并进行推广应用

重点研究低碳材料，尤其是可替代高碳排放量水泥的胶凝材料，如地质聚合物，可以极大地减少水泥生产造成的碳排放。同时，还有必要研究高效的施工设备、低碳施工工艺、低碳建筑结构形式、低碳拆除，以及固体废弃物、废水的资源化利用，研究延长建筑寿命和提升周转材料寿命的方法。另外，减碳技术应该针对地域特性开展研究，充分考虑南北方温度差异、干旱区与湿润区的差异，做到因地制宜。

2. 推动低碳相关管理制度研究

在项目管理层面，重点推进建筑材料和能源的节约，减少各种材料的浪费，减少电、油等能源的消耗。在房地产开发领域，可以让业主参与户型设计阶段的工作，提供可定制的住房，这样可以减少业主装修阶段的拆除。另外，作为绿色施工的实施者，建筑企业必须将低碳建造的理念融入企业文化以及各个分项施工工艺中，这就要求各建筑企业要不断创新，加大低碳技术的研究、推广与应用，同时应当提高现有管理人员和施工人员在绿色建筑和低碳发展方面的理论水平，不断引导企业向环保节能、绿色低碳的方向发展。同时，充分运用信息化手段，持续加大对减碳项目的监管工作，建立实施监控系统，完善管理制度，使管理过程无死角、无漏洞。精细化完善各项绿色建筑检查指标，并将这些指标同员工的绩效和业绩联系起来，让减碳的理念更加深入人心并在全体人员中流行起来。

4.6.2 设计方案优化思路

根据《建筑碳排放计算标准》GB/T 51366—2019 中对建筑全生命周期碳排放及其计算边界的定义，了解到要降低建筑的碳排放应主要从优化建筑的自身设计、配套的生产生活用能设备系统以及电气化水平三个方面考虑。

4.6.2.1 建筑自身设计

建筑本身的设计对于建筑碳排放的影响还是比较大的，优秀的设计往往在兼顾建筑本身功能性、舒适性的同时，也会对建筑自身的能源消耗加以控制。

1. 建筑形体

兼顾建筑自身功能设计的同时，尽量简化建筑的外形复杂度。简单的形体，一方面可以减少建筑材料的使用，降低建材生产运输和建造环节的碳排放；另一方面可以降低能源的使用，较小的体形系数一般来说意味着建筑本身的能耗水平不会太高。

2. 建材选用

一般而言，设计将决定建筑材料的选择，合理的设计方案既要兼顾项目所在地的气候条件，也要考虑后续建材选用的问题。恰当的建材选用，在节能环保的同时，一定程度上会提升能源的利用效率。

3. 建筑性能

建筑性能一般可以概括为建筑的风、光、声、热四个方面。良好的建筑性能，一方面要考虑外部的环境因素，更多的还是在设计时考虑怎么合理利用这些因素来平衡建筑的功能性和舒适性。例如，提高自然光的有效利用率，就可以节省建筑自身配备照明系统的耗能；改善建筑的布局，引自然风入室可以有效降低夏季空调的使用比例，降低设备耗能；利用地源热、空气源热可以制备生产生活所需的冷热能；合理规划林带、绿化带可以降低周围噪声对人们日常生活工作的影响等。

4. 绿化设计

从我国绿地林木等绿化类型的固碳成效来看，绿化减碳带来的长期收益还是比较大的。因此在考虑景观苗木的设计方案时，应当足够重视这部分内容，合理规划种植面积和树种类型，保证绿化减碳的最大收益。

5. 可再生能源利用

可再生能源利用尤其是太阳能资源的利用，目前来看对于我国"双碳"目标的实现尤为重要。可再生能源主要包括太阳能、地热能、空气热能。例如，太阳能热水系统、太阳能光伏系统、地源热泵机组、空气源热泵机组，这些有的可以提供电能，有的可以提供热能，付出较小的能源代价就可以获取这些可持续的清洁能源。可再生能源的利用将是降碳减碳工作的一大助力。

4.6.2.2 配套用能设备系统

建筑自身能耗除了围护结构的耗能外，很大一部分的耗能都集中在为了满足建筑使用需求所配备的设备和系统上。

1. 供暖通风空调设备

选用性能系数较大的设备和机组类型，可以有效降低满足冷热供给需求所消耗的能源，达到降能减碳的效果。

2. 照明系统

照明系统设计中可兼顾集群和单一控制两种方式，方便结合天然采光的因素，合理关闭和开启对应区域的照明灯具，提升用电效率；照明灯具应当选用节能型的灯具；照明灯具的排布方式可根据房间的使用功能来分区设计，满足照明需求的同时节约用电。

3. 电梯及通风设备

电梯和通风机根据建筑类型和使用分区，合理排布控制数量；选用能效等级较高的产品类型；可考虑加装智能启停的控制，提高能源使用效率，减少浪费。

4. 生活热水系统

将可再生能源或者电能作为补充能源，可根据季节性变化因素来调整可再生能源的利用比例，主要供给能源尽量采用像天然气、地源热、空气源热等清洁能源。

5. 其他用能设备

其他类型的用能设备，多选用节能型产品，有条件则可以链接到智能控制系统上，适时地启动或关闭来减少浪费。

4.6.2.3 电气化水平

电气化是指在工农业生产和城乡人民生活中普遍使用电力，工农业生产中的高度机械化是与电气化分不开的。在高度机械化与电气化的基础上，才能实现自动化。

电能是清洁、高效、便捷的二次能源，据测算，电力在终端领域创造经济价值的效率为石油的 3.2 倍、煤炭的 17.3 倍。当前，新一轮科技革命推动电气化发展步入新的历史阶段，能源电力的开发更加绿色化，电力的输送与使用更加智能化，能源电力与经济社会和人民生活的融合更加泛在化，以电力为中心的能源转型升级正在加快推进。

《中国电气化年度发展报告 2021》提出：中国"十四五"期间电气化进程稳步推进，到 2030 年将稳居电气化中期高级阶段，电气化发展将有力支撑实现碳达峰。到 2060 年，中国电气化进程将稳居电气化后期阶段，电气化发展逐步实现与日本、美国、法国等发达国家处于同一层级并保持高水准，有力支持碳中和目标实现。

由此可见，着力提升我国全社会电气化水平，是保障开放条件下的能源安全、推动新一轮能源革命的重要途径，也是顺利实现"双碳"目标的一项重要举措。

以上主要从建筑自身设计、配套的用能设备系统、电气化水平三个方面对建筑碳排放可能优化的一些方向做了简单介绍，其中也提供了一些可行的优化措施，不尽完善，仅供参考。

参考文献

[1] 邹一宁. 朝阳万达广场全生命周期碳排放计算及减碳策略研究 [D]. 沈阳: 沈阳建筑大学，2020.

[2] 曹杰. 住宅建筑全生命周期的碳足迹研究 [D]. 重庆: 重庆大学，2017.

[3] 董坤涛. 基于钢筋混凝土结构的建筑物二氧化碳排放研究 [D]. 青岛: 青岛理工大学，2011.

[4] 杨倩苗. 建筑产品的全生命周期环境影响定量评价 [D]. 天津: 天津大学，2009.

[5] 袁荣丽. 基于 BIM 的建筑物化碳足迹计算模型研究 [D]. 西安: 西安理工大学，2019.

[6] 李岳岩，陈静. 建筑全生命周期的碳足迹 [M]. 北京: 中国建筑工业出版社，2020.

[7] 王卓然. 寒区住宅外墙保温体系生命周期 CO_2 排放性能研究与优化 [D]. 哈尔滨: 哈尔滨工业大学，2020.

[8] 曹西，缪昌铅，潘海涛. 基于碳排放模型的装配式混凝土与现浇建筑碳排放比较分析与研究 [J]. 建筑结构，2021，51（2）: 1233-1237.

[9] 官永健. 基于工程量清单的装配式建筑物化阶段碳排放测算研究 [D]. 广州: 广州大学，2020.

[10] 黄志甲，赵玲玲，张婷，等. 住宅建筑生命周期 CO_2 排放的核算方法 [J]. 土木建筑与环境工程，2011，33（S2）: 103-305.

[11] 熊宝玉. 住宅建筑全生命周期碳排放量测算研究 [D]. 深圳: 深圳大学，2015.

[12] 阳栋，李晃，李水生，等. 建筑业减碳途径及实施策略 [J]. 科技导报，2022，40（11）: 105-110.

[13] 徐福卫，陈海玉，叶建军，等. 浅析屋顶绿化对城市生态环境的影响 [J]. 中国经贸导刊，

2010（13）：60-61.

[14]　赵永虎．低碳概念下的建筑设计应对措施 [J]．建筑工程技术与设计，2017（3）：331.

[15]　徐冰娥．低碳概念下的建筑设计应对策略 [J]．建材与装饰，2019（10）：46-47.

[16]　孙其林．基于绿色低碳理念下的施工现状及技术应用 [J]．绿色环保建材，2018（6）：38-39.

[17]　杜晓燕．既有建筑绿色精细化拆除改建施工关键技术 [J]．建筑施工，2021，43（10）：2154-2158.

[18]　张美一．碳达峰碳中和实现路径及影响的文献综述 [J]．经济管理文摘，2021（14）：173-174.

第 5 章

建筑建材生命周期碳足迹核算

5.1 建筑建材碳排放政策要求与标准

建材行业是国民经济和社会发展的重要基础产业，同时其碳排放也是重点需要控制排放行业之一。作为典型的资源和能源消耗型行业，建材行业实现碳达峰碳中和的现实任务艰巨。对于建材全生命周期碳足迹的相关政策和标准的研究及解析有利于更好的对症下药，制定适合我国国情的建材全生命周期碳足迹评价方法和工具。

5.1.1 国内外政策

5.1.1.1 国际建材碳排放政策

国际上，英国标准协会（BSI）于 2010 年发布的《碳中和证明规范》PAS 2060中已将量化和管理碳足迹（包括产品碳足迹）作为碳中和声明的要求之一。2022年 6 月，为配合欧盟《欧洲绿色新政》提出的更严格的减排目标，欧盟议会通过了碳边境调节机制（简称"CBAM"）的提案，从 2023 年开始实施，并从 2027 年起正式征收碳关税，而产品碳足迹将影响税收的计算。

5.1.1.2 中国建材碳排放政策

2022 年 9 月 14 日，工业和信息化部办公厅、国务院国有资产监督管理委员会办公厅、国家市场监督管理总局办公厅、国家知识产权局办公室发布了《关于印发原材料工业"三品"实施方案的通知》，通知提出：强化绿色产品评价标准实施，建立重点产品全生命周期碳排放数据库，探索将原材料产品碳足迹指标纳入评价体系。

2022 年 11 月 2 日，工业和信息化部、国家发展和改革委员会、生态环境部、住房和城乡建设部四部门联合印发了《建材行业碳达峰实施方案》（以下简称《方案》）。《方案》提到要追踪重点产品全生命周期碳足迹，支撑建立行业碳排放大数据中心；构建绿色建材产品体系，要将水泥、玻璃、陶瓷、石灰、墙体材料等产品碳排放指标纳入绿色建材标准体系，加快推进绿色建材产品认证，扩大绿色建材产品供给，提升绿色建材产品质量；由第三方机构参与配合，充分发挥计量、标准、认证等质量基础设施对行业碳达峰工作的支撑作用，包括但不限于建材行业碳排放核算体系、碳排放计量体系、重点行业和产品碳排放限额标准、节能降碳新技术、新工艺、新装备标准等，从而有效引导实施碳减排行动。

5.1.2　国内外标准

5.1.2.1　国际建材碳排放标准

国际上，建材全生命周期碳足迹依据针对产品的碳排放核算标准和方法进行计算。

1. GHG Protocol

《温室气体议定书》（GHG Protocol）由世界资源研究所（WRI）和世界可持续发展工商理事会（WBCSD），协同世界各地的政府、企业、环保团体于 1998 年共同发起，旨在建立一个可信、高效的碳足迹核算框架。现行的 GHG Protocol 版本发布于 2009 年，由 4 个相互独立但又相互关联的标准组成：《温室气体核算体系企业核算与报告标准》《企业价值链（范围 3）核算和报告标准》《产品生命周期核算和报告标准》和《温室气体核算体系项目量化方法》。其中《产品生命周期核算和报告标准》是面向企业的单个产品来核算产品寿命周期的温室气体排放，可识别所选产品的寿命周期中的最佳减缓机会。2009 年版本自发布以来被国际上广泛采用，在推动国际碳核算和碳减排的发展方面发挥了重要作用。

2. ISO 14067

2011 年 12 月，国际标准组织 ISO 颁布了产品碳足迹核算标准 ISO 14067 草案版（DIS），其正式版发布于 2013 年并更新于 2018 年 8 月，用于指导使用生命周期评估方法进行产品碳足迹量化以及对外交流。ISO 14067 的颁布建立在现有国际标准的基础上，如生命周期评价（ISO 14040 和 ISO 14044）、环境标志和声明（ISO 14020、ISO 14024 和 ISO 14025）等。此前，国际上关于产品碳足迹的评价主要使用 ISO 14040/44、PAS 2050 以及 WRI 世界能源协会制定的产品碳足迹协议，而 ISO 14067 的颁布在全球形成一个面向市场的共识性框架文件。

此外，全生命周期碳足迹还是多项产品环境影响评价标准的重要组成部分。

3. 产品环境足迹（PEF）

2013 年 4 月 9 日，欧盟委员会正式发布建立绿色产品单一市场计划（Communication on Building the Single Market for Green Products），旨在统一市场规范及发展特定产品、组织的评估方法，并建立一套企业与消费者可比较的标准，为此，欧盟委员会发展产品环境足迹（Product Environmental Footprint，PEF）及组织环境足迹（Organization Environmental Footprint，OEF）方法。该方法以生命周期评估（LCA）方法为基础建立，产品与组织的环境冲击量将分别依产品环境足迹类别规则（Product

Environmental Footprint Category Rules，PEFCR）及组织环境足迹行业别规则（Organisation Environmental Footprint Sector Rules，OEFSR）计算，涉及的环境冲击类别包含气候变化、臭氧耗竭、酸化、水资源耗竭等多项指标。

4. 环境产品声明（EPD）

环境产品声明（EPD），又被称为Ⅲ型环境声明，是一份经由第三方验证的、科学的、可比的国际认可报告，通过生命周期分析（LCA）披露与产品整个生命周期的环境影响有关的数据，其中包括折算成二氧化碳（CO_2）当量的全球变暖指标。EPD 是根据国际标准化组织 ISO 发布的 14025 或 21930 标准（取决于产品）和欧洲发布的"EN"规范（15804）而发布的环境报告。它不评价产品的合格性，也不比较产品的利弊，而是帮助相关人士更好地了解产品的综合环境影响及其可持续性。在进行建筑全生命周期环境影响分析时，标准的适用性高于 ISO 14064、ISO 14067，较我国现行国家标准《建筑碳排放计算标准》GB/T 51366，分析内容更完善，为各国绿色建筑环境影响分析所接受。

在分析指标方面，温室气体均可转化为全球变暖潜能（Global warming potential，GWP），以二氧化碳当量表示。此外臭氧消耗、酸化、富营养化和烟雾也可作为环境分析内容的补充。EPD 认证目前已在绿色建筑领域得到全面推广和应用。

5.1.2.2　中国建材碳排放标准

2009 年，全球首个产品碳足迹评价标准 PAS 2050 的中文版发布，推动了全生命周期碳足迹评价和认证在我国的试点。2010 年 3 月，中国生态环境部与英国标准协会（BSI，PAS 2050 的编制者）签署了低碳产品认证的合作备忘录，双方在产品碳足迹认证领域展开合作研究。在此前，在产品环境影响评价方面，基于 ISO 14025、ISO 14040、ISO 14044，我国分别编制并发布了《环境标志和声明　Ⅲ型环境声明　原则和程序》GB/T 24025—2009，《环境管理　生命周期评价　原则与框架》GB/T 24040—2008 和《环境管理　生命周期评价　要求与指南》GB/T 24044—2008。我国现行的产品 LCA 标准主要基于 GB/T 24025—2009、GB/T 24040—2008 等国家标准和 PAS 2050、ISO 14067 等国际标准编制，如表 5-1 所示，大多为地方标准，主要集中在北京、上海、广东等发达地区。

我国产品碳足迹标准　　　　　　　　　　　　　　表 5-1

类别	标准
行业标准	《产品碳足迹评价技术通则》T/GDES 20001—2016
地方标准 / 北京	《低碳产品评价技术通则》DB11/T 1418—2017
地方标准 / 广东	《产品碳排放评价技术通则》DB44/T 1941—2016
地方标准 / 上海	《产品碳足迹核算通则》DB31/T 1071—2017

此外，LCA 专委会发起中国 Ⅲ 型环境生命计划（China EDP），旨在对标欧盟 PEF 和各国 EPD 体系，引导企业碳减排行动，支持碳足迹、碳标签及绿色供应链管理体系的建设。

5.2　建筑建材碳足迹核算方法

建筑建材碳足迹核算是建筑进行碳排放计算的重要一环，只有建材的碳足迹数据足够准确，才能保证建筑材料生产阶段碳排放计算的精度。要确保对建筑建材碳足迹进行正确核算，首先要明确建筑建材碳足迹核算的方法。

目前，碳足迹核算的方法主要有投入产出法、生命周期法、IPCC 计算法、实地检测法等。其中生命周期法更准确也更具体，是由于建筑在其全生命周期内（从建材生产之始到建筑终止其寿命、拆除处置结束的各个阶段）持续地向大气排放大量的二氧化碳（CO_2），因此，基于生命周期评价理论（Life Cycle Assessment，LCA）的建筑领域碳足迹核算结果，能更加客观地表述建筑碳排放对大气环境造成的真实影响，所以该方法在建筑建材业被广泛使用。

目前基于全生命周期建材碳足迹核算方法按系统边界设定及数学模型不同可分为 3 类：（1）以过程分析法为基础发展而来的过程生命周期评价法（Process-based，PLCA）；（2）投入产出生命周期评价（Input-outputLCA，I-OLCA）；（3）混合生命周期评价（Hybrid-LCA，HLCA）。

5.2.1　过程生命周期评价法

过程生命周期评价法（PLCA）是最传统的建材碳足迹生命周期核算方法，同时仍然是目前最主流的评价方法（ISO，199SETAC，1993，1998）——《生命周期评价原则与框架》（ISO 14040）（ISO，1998），该方法主要包括 4 个基本步骤：目标定义和范围的界定、清单分析、影响评价和结果解释，而每个基本步骤又包含一系列具体的步骤流程。过程生命周期评价方法，采用"自下而上"（Bottom-up）模型，基于清单分析，通过实地监测调研或者其他数据库资料（二手数据）收集来获取产品或服务在生命周期内所有的输入及输出数据，核算研究对象总的碳排量和环境影响。对于微观层面（具体产品或服务方面）的碳足迹计算，一般采用过程生命周期法居多。该方法优势在于能够比较精确地评估产品或服务的碳足迹和环境影响，且可以根据具体目标设定其评价目标、范围的精确度。但是由于其边界设定主观性强以及截断误差等问题，其评价结果可能不够准确，甚至出现矛盾的结论。

5.2.2　投入产出生命周期评价

克服过程生命周期评价方法中边界设定和清单分析存在的弊端，引入经济投入产出表,这个方法又称为经济投入产出生命周期评价(Economicinput-outputLCA, EIO-LCA)。此方法主要采用"自上而下"(Up-bottom)模型,在评估具体产品或服务环境影响时,首先"自上"表示需要先核算行业以及部门层面的能源消耗和碳排放水平,此步骤需要借助于间隔发表(非连年发表)的投入产出表,然后再根据平衡方程来估算和反映经济主体与被评价对象之间的对应关系,依据对应关系和总体行业或部门能耗对具体产品进行核算。该方法一般适用于宏观层面(如国家、部门、企业等)的计算,较少应用于评价单一工业产品。该方法优势在于能够比较完整地核算产品或者服务的碳足迹和环境影响。但是该方法的评估受到投入产出表的制约,一方面时效性不强,因为该表间隔数年定期发布,另外表中的部门不一定能够很好地与评价对象相互对应,故而一般无法评价一个具体产品,同时也不能够完整核算整个产品生命周期的排放(运行使用和废弃处理阶段均不核算)。

5.2.3 混合生命周期评价

混合生命周期评价是指将过程分析法和投入产出法相结合的生命周期评价方法,按照两者结合方式,目前可以按照其混合方式将其划分为 3 种生命周期评价模型:分层混合;基于投入产出的混合;集成混合。总体来讲,该方法的优势在于不但可以规避截断误差,又可以比较有针对性评价具体产品及其整个生命周期阶段(运行使用和废弃阶段)。但是前两种模型易造成重复计算,并且不利于投入产出表的系统分析功能的发挥;而最后一种模型则由于难度较大,对数据要求较高,尚且停留于假说阶段。

5.2.4 钢筋混凝土生命周期碳足迹数据集示例

中国公开发布的生命周期评价(LCA)基础数据库 CLCD 是由成都亿科环境科技有限公司(以下简称亿科环境)自主开发,包含数百种大宗能源、原材料、化学品的上千个生产过程数据,数据均来自中国本国行业统计、相关标准、企业公开报告等,是目前国内唯一达到自身生命周期完整的基础数据库,满足 C4 原则。基础数据库必须涵盖几百种大宗能源、材料、化学品的资源开采、生产和运输核心过程(Core process and product),保证给定 Cut-off 下自身的完整性(Completeness),并建立了统一的核心模型(Core life cycle model)保证一致性(Consistence),由此才可保证数据库用户的下游产品 LCA 模型完整、可追溯、结果可信,才可支持下游行业数据库的开发。同时 CLCD 兼容欧盟产品环境足迹(PEF)和 Ecoinvent 国际主流数据库的技术规范要求,可以共同用于一个 LCA 模型。

CLCD 数据库中每个数据集文档都能透明地披露,包括实景过程、重点背景过程数据集;贡献率等结果分析;二维码碳足迹模型,对于授权用户能查看碳足迹等LCIA 结果。下文是 CLCD 数据库中钢筋混凝土的数据集文档展示。

5.2.4.1　目标与范围定义

钢筋混凝土碳足迹核算基于生命周期评价方法，评价水泥和骨料混合后掺加适量钢筋制成钢筋混凝土的过程制造的生命周期环境影响。

1. 目标定义

（1）产品信息：钢筋混凝土（含钢量 5%）；

（2）功能单位与基准流：生产 $1m^3$ 的钢筋混凝土；

（3）时间代表性：2021 年；

（4）地理代表性：中国。

2. 范围定义

（1）系统边界

本次核算的系统边界为从"摇篮到大门"，即从资源开采到钢筋混凝土产品出厂。

（2）取舍规则

本次核算采用的取舍规则以各项原材料投入占产品重量或过程总投入的重量比为依据。具体规则如下：

①普通物料重量 < 1% 产品重量时，以及含稀贵或高纯成分的物料重量 < 0.1% 产品重量时，可忽略该物料的上游生产数据；总共忽略的物料重量不超过 5%。

②低价值废物作为原料，如粉煤灰、矿渣、秸秆、生活垃圾等，可忽略其上游生产数据。

③大多数情况下，生产设备、厂房、生活设施等可以忽略。

④在选定环境影响类型范围内的已知排放数据不应忽略。

5.2.4.2　单元过程数据收集（表 5-2、表 5-3）

单元过程边界：混凝土制备→钢筋加工→模具清理→装模浇筑→蒸气养护。

过程基准流：生产 $1m^3$ 的钢筋混凝土。

实景过程数据收集　　　　　　　　　　　　　　　　表 5-2

实景过程	技术代表性	输入清单	输出清单	数据主要来源
钢筋混凝土（含钢量约 5%）[生产]	1. 能源类型：电力 + 天然气； 2. 原辅料类型：钢筋 + 混凝土 + 砂； 3. 生产规模类型：无； 4. 辅助工艺设备类型：无； 5. 工艺设备类型：蒸汽养护	能源：电力、天然气；原材料 / 物料：水泥、石子、砂子、钢筋、外加剂、水	待处置废物：混合固废；主要排放物：总颗粒物	[1] 2020 年环境影响评估：主要进行混凝土预制构件的生产环境影响评估报告公示； [2] 产排污系数手册； [3] 2017 年环境影响评估：年产 10 万 m^3 装配式建筑混凝土预制构件项目环境影响评估报告； [4] 2019 年环境影响评估：钢筋混凝土预制结构件项目环境影响评估报告公示； [5] 2020 年环境影响评估：3 万 m^3 预制混凝土构件新建环境影响评估报告

背景过程数据收集   表 5-3

背景数据集名称	过程名称	清单名称（平均灵敏度）
热轧钢筋（t，未分类），行业 LCA- 代表特定技术 / 全行业 / 市场平均水平（用于流程行业数据库和技术研究），中国，2020，从"摇篮到大门"（从资源开采到产品出厂）：68.35%	钢筋混凝土（含钢量约 5%）	钢筋：68.35%
丙烯酸（中国）：6.06%	钢筋混凝土（含钢量约 5%）	外加剂：6.06%
全球炸药市场背景数据采集：2.91%	石灰石开采	炸药：2.91%
原煤—原煤运输后（中国）：2.70%	熟料煅烧	煤粉：2.70%
东北电网电力—东北电网电力传输（中国）：5.00%	普通硅酸盐水泥	电力：2.39%
	生料粉磨	电力：1.37%
	熟料煅烧	电力：1.24%

5.2.4.3　产品碳足迹模型结构

产品碳足迹模型应当是多层级结构，并满足透明可追溯的要求，图 5-1 为常规钢筋混凝土的模型结构。

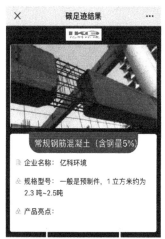
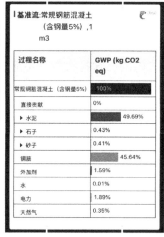

图 5-1　常规钢筋混凝土的模型结构

5.2.5　建筑生命周期碳足迹核算示例

建筑生命周期碳足迹核算整体步骤是目标与范围定义、单元过程数据收集、生命周期建模、计算与分析、数据质量评估与改进等。但其中的单元过程数据收集与上文中的行业 LCA 不同，对某建筑的生命周期碳足迹核算不需要尽可能收集更多企业的数据，使用来自目标建筑的数据即可，有实景数据就采用实景数据，没有实景数据的情况下可采用模拟数据（如建筑设计阶段的能耗数据可采用能耗模拟软件的模拟数据等）。图 5-2 为示例建筑的生命周期碳足迹模型示例。

图 5-2　建筑 LCA 评价碳足迹模型示例

5.3　建筑建材碳足迹认证

随着"双碳"目标的提出，建筑领域的碳减排工作也相继召开，其中可再生材料、低碳材料、绿色建材的应用要求也在越来越多的省份被提出，成为建筑减排手段之一，从而促进了碳市场中对于建材碳足迹认证的需求。建材企业为了在碳市场中凸显优势，想要真正参与"双碳"行动，在国内和国际上争取更多的市场就需要碳足迹认证。另外企业想要节能降耗、节约成本，产品碳足迹可有效帮助企业改善温室气体排放，为企业建立低碳清洁、安全高效生产的绿色能源体系。这里讲到的碳足迹认证又称为"从摇篮到大门"足迹。目前美国、英国、日本等 14 个国家和地区开展了 19 类产品碳足迹评价制度以及评价产品超过 2500 种。产品碳足迹认证成为进入市场的绿色通行证。全球权威碳足迹认证机构主要包括美国安全检测实验室 UL、德国莱茵、瑞士 SGS、英国标准协会 BSI、法国必维、英国碳信托以及中国质量认证中心、CTI 华测认证等，这些机构组织均可为产品提供碳足迹的认证和评价服务。我国的碳足迹核查认证由中国质量认证中心 CQC 认证，国际标准化组织出版的产品碳足迹评价标准《温室气体　产品碳足迹　量化的要求和指南》ISO 14067（2018）在国际上成为量化和报告产品碳足迹的国际通用标准，此标准对产品碳足迹认证的认证范围、认证原则、生命周期温室气体排放量化方法及碳足迹核算报告内容等做出了具体的规定。

碳足迹认证流程如下：

（1）确定产品认证边界、功能单位

确定产品认证边界（产品制造商和具体的产品名称、系列、规格、型号）。不同型号的产品由于其原辅材料和生产过程能源消耗不同，须单独申请认证。确定拟认证的具体产品后，根据碳足迹认证的用途、产品属性、数据可得性等确定生命周期系统边界。

（2）收集产品生命周期评价数据

产品碳足迹核算采用生命周期评价方法，核算需筹集整理的数据主要为原辅材料消耗、主要原辅材料供应商及其到厂运输距离、生产过程能源消耗、包装材料消耗、产品使用阶段能源和温室气体消耗、产品回收和废弃过程的能源消耗、废弃处理的量等数据。数据来源为产品 BOM（Bill of Material，物料清单）表、生产报表等，对于无法实际测量的数据，应根据行业标准或规范采用合理的方法估算。所有的数据均须折算到申请认证的 1 个产品的消耗数据。为保证碳足迹核算结果的准确性和可信度，核查小组会对数据进行质量评估，从数据代表性、完整性、可靠性、一致性 4 个维度进行管控和评估。

（3）采用数据库核算产品碳足迹

完成数据收集整理后，认证审核小组在专门的生命周期评价数据库中建立拟认证的产品碳足迹核算模型，录入各核算单元的数据，确定计算方案，由系统计算出产品最终的碳足迹结果。

（4）编制产品碳足迹核算报告

系统核算完成后，从系统导出碳足迹核算结果，由认证审核小组编制产品碳足迹核算报告。

（5）报告评审、颁发证书

产品碳足迹核算报告编制完成后，根据相应的质量控制流程，核算报告及认证过程资料须全部提交给独立的技术评审小组进行技术评审，并根据评审意见做出相应的修改或澄清。技术评审通过后，出具正式的核算报告并颁发证书。

第6章

碳排放因子

碳排放因子是本书计量的重要基础数据之一。碳排放因子包括以下两个方面，一是各种能源所对应的碳排放因子；二是材料、构件、部品、设备的碳排放因子，即单位数量材料、构件、部品、设备所固化的碳排放量。

6.1 国家标准建材因子库更新

《建筑碳排放计算标准》GB/T 51366—2019 规定建筑碳排放计算应涵盖建筑生命周期全过程，包括建材生产和运输、建筑物建造、运行及拆除，是推动建筑和建材行业全生命周期碳中和的基础性标准。标准里的 70 种建材碳足迹因子，均是按照生命周期评价方法核算。

但自《建筑碳排放计算标准》GB/T 51366—2019 发布以来，尤其是 2020 年中国提出碳中和目标，2021 年住房和城乡建设部发布《建筑节能与可再生能源利用通用规范》GB 55015—2021 之后，大批建筑设计院、绿建咨询机构、建筑开发商、建筑软件开发单位、建材生产商、建材认证机构、行业研究机构等高度关注建材数据库的建设，指出了存在的关键问题，并提出更高的要求：

（1）数据库缺乏问题：标准中的建材数据库只有 70 多种建材，难以支撑建筑碳排放的详细计算，急需大幅扩充、覆盖数百种常见建材和部品，甚至需要细分为上千种规格型号；

（2）数据库可信度问题：标准中提供的建材碳排放因子是"黑箱"，影响计算结果的可信度，应披露透明可追溯的建材生命周期碳足迹模型，提高碳排放结果的可信度；

（3）数据库更新问题：实际的建材碳足迹不断变化，2017 年的数据已过时，需要持续更新；未来最好直接从建材生产企业获得经第三方审核认证的碳足迹结果，并持续更新；

（4）数据库知识产权问题：按照《中华人民共和国著作权法》，即使是公开的数据库，被用于商业盈利用途时应获得授权，否则属于侵权行为。只有严格保护数据库开发者的知识产权，才能吸引各方参与，共建一个不断丰富、持续更新、透明可追溯的中国建材碳足迹数据库。

为响应国家碳中和政策号召，服务于建筑与建材行业的迫切需求，并解决上述关键问题，全生命周期绿色管理专委会秘书处单位亿科环境制定了数据库开发的基本工作流程与要求，开始更新《建筑碳排放计算标准》GB/T 51366—2019 的建材数据库，并分批发布。

在更新发布的建材数据库中，所有建材碳足迹模型均可透明展示和追溯，并且不同规格型号的建材都将细分为不同的模型，对应不同的碳足迹结果。上述碳足迹模型可通过全生命周期绿色管理专委会秘书处单位亿科环境公布的数据查询平台查看，为实际工程中碳排放因子等相关数据选取提供可靠参考依据。

6.2　建材生产碳排放因子

建材生产碳排放因子数据大部分来自标准图集和一些已出版的书籍刊物，针对这些数据进行了整理，如表 6-1 ~ 表 6-3 所示，主要来源于《建筑碳排放计算标准》GB/T 51366—2019 附录 D、李岳岩等所著《建筑全生命周期的碳足迹》一书和厦门市地方标准《建筑碳排放核算标准》DB3502/Z 5053—2019 附录 B。

《建筑碳排放计算标准》GB/T 51366—2019 建材生产碳排放因子　　表 6-1

序号	材料名称	建材生产碳排放因子	碳排放因子单位
1	普通硅酸盐水泥	735	$kgCO_2/t$
2	混凝土（C30）	295	$kgCO_2/m^3$
3	混凝土（C50）	385	$kgCO_2/m^3$
4	石灰	1190	$kgCO_2/t$
5	消石灰	747	$kgCO_2/t$
6	天然石膏	32.8	$kgCO_2/t$
7	砂	2.51	$kgCO_2/t$
8	碎石（$d=10 \sim 30mm$）	2.18	$kgCO_2/t$
9	页岩石	5.08	$kgCO_2/t$
10	黏土	2.69	$kgCO_2/t$
11	混凝土砖	336	$kgCO_2/m^3$
12	蒸压粉煤灰砖	341	$kgCO_2/m^3$
13	烧结粉煤灰实心砖	134	$kgCO_2/m^3$
14	页岩实心砖	292	$kgCO_2/m^3$
15	页岩空心砖	204	$kgCO_2/m^3$

序号	材料名称	建材生产碳排放因子	碳排放因子单位
16	黏土空心砖	250	$kgCO_2/m^3$
17	煤矸石实心砖	22.8	$kgCO_2/m^3$
18	煤矸石空心砖	16.0	$kgCO_2/m^3$
19	炼钢生铁	1700	$kgCO_2/t$
20	铸造生铁	2280	$kgCO_2/t$
21	炼钢用铁合金	9530	$kgCO_2/t$
22	转炉碳钢	1990	$kgCO_2/t$
23	电炉碳钢	3030	$kgCO_2/t$
24	普通碳钢	2050	$kgCO_2/t$
25	热轧碳钢小型型钢	2310	$kgCO_2/t$
26	热轧碳钢中型型钢	2365	$kgCO_2/t$
27	热轧碳钢大型轨梁（方圆坯、管坯）	2340	$kgCO_2/t$
28	热轧碳钢大型轨梁（重轨、普通型钢）	2380	$kgCO_2/t$
29	热轧碳钢中厚板	2400	$kgCO_2/t$
30	热轧碳钢 H 钢	2350	$kgCO_2/t$
31	热轧碳钢宽带钢	2310	$kgCO_2/t$
32	热轧碳钢钢筋	2340	$kgCO_2/t$
33	热轧碳钢高线材	2375	$kgCO_2/t$
34	热轧碳钢棒材	2340	$kgCO_2/t$
35	螺旋埋弧焊管	2520	$kgCO_2/t$
36	大口径埋弧焊直缝钢管	2430	$kgCO_2/t$
37	焊接直缝钢管	2530	$kgCO_2/t$
38	热轧碳钢无缝钢管	3150	$kgCO_2/t$
39	冷轧冷拔碳钢无缝钢管	3680	$kgCO_2/t$
40	碳钢热镀锌板卷	3110	$kgCO_2/t$
41	碳钢电镀锌板卷	3020	$kgCO_2/t$
42	碳钢电镀锡板卷	2870	$kgCO_2/t$
43	酸洗板卷	1730	$kgCO_2/t$
44	冷轧碳钢板卷	2530	$kgCO_2/t$
45	冷硬碳钢板卷	2410	$kgCO_2/t$
46	平板玻璃	1130	$kgCO_2/t$
47	电解铝	20300	$kgCO_2/t$
48	铝板带	28500	$kgCO_2/t$

《建筑碳排放核算标准》DB3502/Z5053—2019 建材生产碳排放因子　表 6-2

序号	材料名称	建材生产碳排放因子	碳排放因子单位
1	给水铜管	9410	kgCO$_2$/t
2	木屑	139	kgCO$_2$/m^3
3	自来水	0.168	kgCO$_2$/t
4	黏土	0.5	kgCO$_2$/t
5	砂子	6.6	kgCO$_2$/t
6	碎石	4.4	kgCO$_2$/t
7	再生骨料	13.0	kgCO$_2$/t
8	石灰石	430	kgCO$_2$/t
9	白云石	474	kgCO$_2$/t
10	粉煤灰	008.0	kgCO$_2$/t
11	炉渣	109	kgCO$_2$/t
12	膨胀珍珠岩	288	kgCO$_2$/t
13	大白粉	175	kgCO$_2$/t
14	滑石粉	175	kgCO$_2$/t
15	腻子粉	440	kgCO$_2$/t
16	通用木材	178	kgCO$_2$/m^3
17	胶合板	487	kgCO$_2$/m^3
18	刨花板	336	kgCO$_2$/m^3
19	生石灰	1190	kgCO$_2$/t
20	石膏	125.5	kgCO$_2$/t
21	水泥熟料 52.5MPa	905	kgCO$_2$/t
22	水泥熟料 62.5MPa	920	kgCO$_2$/t
23	硅酸盐水泥 P·I（通用）	939～958	kgCO$_2$/t
24	硅酸盐水泥 P·I 42.5MPa	939	kgCO$_2$/t
25	硅酸盐水泥 P·I 52.5MPa	941	kgCO$_2$/t
26	硅酸盐水泥 P·I 62.5MPa	958	kgCO$_2$/t
27	硅酸盐水泥 P·II（通用）	861～918	kgCO$_2$/t
28	硅酸盐水泥 P·II 42.5MPa	874	kgCO$_2$/t
29	硅酸盐水泥 P·II 52.5MPa	889	kgCO$_2$/t
30	硅酸盐水泥 P·II 62.5MPa	918	kgCO$_2$/t
31	普通硅酸盐水泥 P·O（通用）	722～862	kgCO$_2$/t
32	普通硅酸盐水泥 P·O 42.5MPa	795	kgCO$_2$/t
33	普通硅酸盐水泥 P·O 52.5MPa	863	kgCO$_2$/t

序号	材料名称	建材生产碳排放因子	碳排放因子单位
34	矿渣硅酸盐水泥 P·S·A（通用）	503～744	kgCO$_2$/t
35	矿渣硅酸盐水泥 P·S·A 32.5MPa	621	kgCO$_2$/t
36	矿渣硅酸盐水泥 P·S·A 42.5MPa	742	kgCO$_2$/t
37	矿渣硅酸盐水泥 P·S·B（通用）	345～503	kgCO$_2$/t
38	矿渣硅酸盐水泥 P·S·B 32.5MPa	503	kgCO$_2$/t
39	火山灰质硅酸盐水泥 P·P（通用）	541～724	kgCO$_2$/t
40	火山灰质硅酸盐水泥 P·P 32.5MPa	631	kgCO$_2$/t
41	火山灰质硅酸盐水泥 P·P 42.5MPa	722	kgCO$_2$/t
42	粉煤灰硅酸盐水泥 P·F（通用）	541～724	kgCO$_2$/t
43	粉煤灰硅酸盐水泥 P·F 32.5MPa	631	kgCO$_2$/t
44	粉煤灰硅酸盐水泥 P·F 42.5MPa	722	kgCO$_2$/t
45	复合硅酸盐水泥 P·C（通用）	452～744	kgCO$_2$/t
46	复合硅酸盐水泥 P·C 32.5MPa	604	kgCO$_2$/t
47	复合硅酸盐水泥 P·C 42.5MPa	742	kgCO$_2$/t
48	砌筑混合砂浆 M2.5	224.1	kgCO$_2$/m^3
49	砌筑混合砂浆 M5	236	kgCO$_2$/m^3
50	砌筑混合砂浆 M7.5	239.1	kgCO$_2$/m^3
51	砌筑混合砂浆 M10	233.6	kgCO$_2$/m^3
52	砌筑水泥砂浆 M2.5	154.9	kgCO$_2$/m^3
53	砌筑水泥砂浆 M5	164.5	kgCO$_2$/m^3
54	砌筑水泥砂浆 M7.5	181.3	kgCO$_2$/m^3
55	砌筑水泥砂浆 M10	199.9	kgCO$_2$/m^3
56	砌筑水泥砂浆 M15	232	kgCO$_2$/m^3
57	抹灰水泥砂浆 1：2	405	kgCO$_2$/m^3
58	抹灰水泥砂浆 1：3	277	kgCO$_2$/m^3
59	抹灰混合砂浆 1：1：6	285.2	kgCO$_2$/m^3
60	抹灰石灰砂浆 1：2.5	341.6	kgCO$_2$/m^3
61	抹灰石灰砂浆 1：3	293.1	kgCO$_2$/m^3
62	抹灰石膏砂浆 1：3	509.5	kgCO$_2$/m^3
63	泵送混凝土 C10	172	kgCO$_2$/m^3
64	泵送混凝土 C15	177.8	kgCO$_2$/m^3
65	泵送混凝土 C20	264.7	kgCO$_2$/m^3
66	泵送混凝土 C25	292.7	kgCO$_2$/m^3

序号	材料名称	建材生产碳排放因子	碳排放因子单位
67	泵送混凝土 C30	316.4	$kgCO_2/m^3$
68	泵送混凝土 C35	362.6	$kgCO_2/m^3$
69	泵送混凝土 C40	410.4	$kgCO_2/m^3$
70	泵送混凝土 C45	441.3	$kgCO_2/m^3$
71	泵送混凝土 C50	464.3	$kgCO_2/m^3$
72	泵送超流态混凝土 C25	320.3	$kgCO_2/m^3$
73	泵送超流态混凝土 C30	332.5	$kgCO_2/m^3$
74	烧结普通砖	295	$kgCO_2/m^3$
75	烧结多孔（空心）砖	215	$kgCO_2/m^3$
76	混凝土小型空心砌块	180	$kgCO_2/m^3$
77	粉煤灰小型空心砌块	350	$kgCO_2/m^3$
78	加气混凝土砌块	270	$kgCO_2/m^3$
79	蒸压粉煤灰砖	410	$kgCO_2/m^3$
80	蒸压灰砂砖	375	$kgCO_2/m^3$
81	生铁	1600	$kgCO_2/t$
82	铁制品	1920	$kgCO_2/t$
83	镀锌铁	2350	$kgCO_2/t$
84	粗钢	1950	$kgCO_2/t$
85	大型型钢	2701	$kgCO_2/t$
86	中小型型钢	2137	$kgCO_2/t$
87	钢线材	2140	$kgCO_2/t$
88	热轧带钢	2246	$kgCO_2/t$
89	镀锌大型型钢	3050	$kgCO_2/t$
90	镀锌中小型型钢	2487	$kgCO_2/t$
91	镀锌钢线材	2490	$kgCO_2/t$
92	镀锌热轧带钢	2596	$kgCO_2/t$
93	不锈钢	6130	$kgCO_2/t$
94	再生钢	480	$kgCO_2/t$
95	卫生陶瓷	1740	$kgCO_2/t$
96	通用陶瓷砖	600	$kgCO_2/t$
97	陶瓷砖（$E \leqslant 0.5\%$）	12.8	$kgCO_2/m^2$
98	陶瓷砖（$0.5\% < E \leqslant 10\%$）	13.3	$kgCO_2/m^2$
99	陶瓷砖（$E > 10\%$）	19.2	$kgCO_2/m^2$

序号	材料名称	建材生产碳排放因子	碳排放因子单位
100	玻璃（通用）	1190	$kgCO_2/t$
101	Low-E 玻璃	2010	$kgCO_2/t$
102	钢化玻璃	1790	$kgCO_2/t$
103	原铝	18790	$kgCO_2/t$
104	再生铝	730	$kgCO_2/t$
105	铝综合	15450	$kgCO_2/t$
106	矿产铜	5520	$kgCO_2/t$
107	再生铜	3440	$kgCO_2/t$
108	铜综合	4850	$kgCO_2/t$
109	矿产锌	4560	$kgCO_2/t$
110	矿产锡	11590	$kgCO_2/t$
111	聚苯乙烯（PS）	3100	$kgCO_2/t$
112	泡沫聚苯乙烯（EPS）	7860	$kgCO_2/t$
113	挤塑聚苯乙烯（XPS）	6120	$kgCO_2/t$
114	聚氨酯（PU）	4330	$kgCO_2/t$
115	岩棉	1200	$kgCO_2/t$
116	矿物棉	1200	$kgCO_2/t$
117	玻璃棉	2360	$kgCO_2/t$
118	泡沫玻璃	1950	$kgCO_2/t$
119	苯酚甲醛（PF）	2710	$kgCO_2/t$
120	真空绝热板	2160	$kgCO_2/t$
121	石油沥青油毡	0.51	$kgCO_2/m^2$
122	SBS、APP 改性沥青防水卷材	0.54	$kgCO_2/m^2$
123	自粘聚合物改性沥青防水卷材	0.32	$kgCO_2/m^2$
124	聚乙烯管（PEX）	6850	$kgCO_2/t$
125	聚丙烯管（PPR）	6020	$kgCO_2/t$
126	聚氯乙烯（PVC）	7300	$kgCO_2/t$
127	石膏板	4.4	$kgCO_2/m^2$
128	瓦	610	$kgCO_2/t$
129	陶土管	490	$kgCO_2/t$
130	油漆涂料（通用）	3500	$kgCO_2/t$
131	乳胶漆	4120	$kgCO_2/t$
132	装饰石材	220	$kgCO_2/t$

序号	材料名称	建材生产碳排放因子	碳排放因子单位
133	壁纸	1800	kgCO$_2$/t
134	地毯	5090	kgCO$_2$/t
135	木地板	2.9	kgCO$_2$/m^2
136	硅酸钙吊顶	1.8	kgCO$_2$/m^2
137	合成板吊顶	7.6	kgCO$_2$/m^2
138	轻钢龙骨吊顶	3.8	kgCO$_2$/m^2
139	橡胶	3360	kgCO$_2$/t
140	环氧树脂	5910	kgCO$_2$/t
141	棉布	3280	kgCO$_2$/t
142	电焊条	20500	kgCO$_2$/t
143	安全网	3.7	kgCO$_2$/m^2
144	太阳能光伏电板	4000	kgCO$_2$/kW
145	太阳能光伏电板	240	kgCO$_2$/m^2
146	太阳能集热器	112	kgCO$_2$/m^2

李岳岩等著《建筑全生命周期的碳足迹》给出的建材生产碳排放因子　表6-3

序号	材料名称	建材生产碳排放因子	碳排放因子单位
1	断桥铝合金窗（原生铝型材）	254	kgCO$_2$/m^2
2	断桥铝合金窗（30%再生铝）	194	kgCO$_2$/m^2
3	铝木复合窗（原生铝型材）	147	kgCO$_2$/m^2
4	铝木复合窗（30%再生铝）	122.5	kgCO$_2$/m^2
5	铝塑共挤窗	129.5	kgCO$_2$/m^2
6	塑钢窗	121	kgCO$_2$/m^2
7	无规共聚聚丙烯管	3.72	kgCO$_2$/kg
8	聚乙烯管	3.6	kgCO$_2$/kg
9	硬聚氯乙烯管	7.93	kgCO$_2$/kg
10	聚苯乙烯泡沫板	5020	kgCO$_2$/t
11	岩棉板	1980	kgCO$_2$/t
12	硬泡聚氨酯板	5220	kgCO$_2$/t
13	铝塑复合板	8.06	kgCO$_2$/m^2
14	铜塑复合板	37.1	kgCO$_2$/m^2
15	铜单板	218	kgCO$_2$/m^2
16	普通聚苯乙烯	4620	kgCO$_2$/t

序号	材料名称	建材生产碳排放因子	碳排放因子单位
17	线性低密度聚乙烯	1990	kgCO$_2$/t
18	高密度聚乙烯	2620	kgCO$_2$/t
19	低密度聚乙烯	2810	kgCO$_2$/t
20	聚氯乙烯	7300	kgCO$_2$/t
21	自来水	0.168	kgCO$_2$/t
22	钢筋	2310	kgCO$_2$/t
23	铁件	2190	kgCO$_2$/t
24	型钢	2190	kgCO$_2$/t
25	镀锌钢板	2200	kgCO$_2$/t
26	桥架	2200	kgCO$_2$/t
27	钢管	2200	kgCO$_2$/t
28	混凝土（C15）	228	kgCO$_2$/m^3
29	混凝土（C25）	248	kgCO$_2$/m^3
30	混凝土（C35）	308	kgCO$_2$/m^3
31	混凝土（C30 P8）	421	kgCO$_2$/m^3
32	混凝土（C35 P8）	308	kgCO$_2$/m^3
33	水泥	977	kgCO$_2$/t
34	石灰	1750	kgCO$_2$/t
35	净砂	3.49	kgCO$_2$/m^3
36	砾石	8.87	kgCO$_2$/m^3
37	东北松、进口松木	139	kgCO$_2$/m^3
38	黏土砖	238.58	kgCO$_2$/m^3
39	机制红砖	238.58	kgCO$_2$/m^3
40	地砖缸砖	19.5	kgCO$_2$/m^2
41	面砖（m^2）	19.5	kgCO$_2$/m^2
42	甲级防火门	48.3	kgCO$_2$/m^2
43	三防门	171.9	kgCO$_2$/m^2
44	乙级防火门	43.9	kgCO$_2$/m^2
45	丙级防火门	35.1	kgCO$_2$/m^2
46	铝合金门窗	46.3	kgCO$_2$/m^2
47	中空玻璃塑钢窗	98.4	kgCO$_2$/m^2
48	聚苯乙烯泡沫板	534	kgCO$_2$/m^3
49	挤塑保温板	22.7	kgCO$_2$/m^3

续表

序号	材料名称	建材生产碳排放因子	碳排放因子单位
50	铜管	2190	kgCO$_2$/t
51	铜芯导线电缆	9410	kgCO$_2$/t
52	红丹防锈漆	6550	kgCO$_2$/t
53	调合漆	6550	kgCO$_2$/t
54	乳胶漆	6550	kgCO$_2$/t
55	塑料排水管	3720	kgCO$_2$/t
56	PP-R 塑料给水管	3720	kgCO$_2$/t
57	隔声多孔塑料排水管	9740	kgCO$_2$/t
58	塑料管 PVC	9740	kgCO$_2$/t
59	室内钢塑复合管	37.1	kgCO$_2$/m^2
60	花岗石条石	2.55	kgCO$_2$/m^2
61	氯化聚乙烯卷材平面	2.38	kgCO$_2$/m^2
62	石油沥青	2820	kgCO$_2$/t
63	聚氨酯涂膜	6550	kgCO$_2$/t
64	预埋铁件	2190	kgCO$_2$/t
65	生石灰	1750	kgCO$_2$/t
66	商品混凝土（C15）	95	kgCO$_2$/t
67	商品混凝土（C20）	112	kgCO$_2$/t
68	商品混凝土（C30）	126	kgCO$_2$/t
69	商品混凝土（C35）	126	kgCO$_2$/t
70	泵送商品抗渗混凝土（P6 C35）	126	kgCO$_2$/t
71	不锈钢管	2310	kgCO$_2$/t
72	非焦油聚氨酯防水涂料	6550	kgCO$_2$/t
73	模板用规格料	139	kgCO$_2$/t
74	净砂	2.4	kgCO$_2$/t
75	砾石	6.4	kgCO$_2$/t
76	碎石（$d=5 \sim 15$mm）	1.6	kgCO$_2$/t
77	中砂	2.3	kgCO$_2$/t
78	Low-E 中空玻璃	2840	kgCO$_2$/t
79	铝合金窗（Low-E 中空玻璃）	386	kgCO$_2$/t
80	甲级木质防火门	24584	kgCO$_2$/t
81	丙级木质防火门	43976	kgCO$_2$/t
82	乙级木质防火门	29193	kgCO$_2$/t

序号	材料名称	建材生产碳排放因子	碳排放因子单位
83	断热中空玻璃铝合金地弹门	1187	kgCO$_2$/t
84	标准砖	134.23	kgCO$_2$/t
85	面砖	951.4	kgCO$_2$/t
86	陶瓷地面砖	1070	kgCO$_2$/t
87	氯化聚乙烯—橡胶共混卷材	1830.37	kgCO$_2$/t
88	花岗石板	11.24	kgCO$_2$/t
89	挤塑聚苯板	20887.44	kgCO$_2$/t
90	板方材	1351.31	kgCO$_2$/t
91	焊接钢管	2190	kgCO$_2$/t
92	送风管	2200	kgCO$_2$/t

各学术研究论文中也给出了建材生产碳排放因子，如表6-4~表6-16所示。

曹杰给出建材生产碳排放因子 表6-4

序号	建材类别	材料名称	碳排放因子	碳排放因子单位
1	石材	砂石	1.64	kgCO$_2$/t
2	石灰	石灰	2.02	kgCO$_2$/kg
3	木材	木材	110.54	kgCO$_2$/m^3
4	钢材	型钢	1.35	kgCO$_2$/kg
5	钢材	钢筋	2.02	kgCO$_2$/kg
6	钢材	钢丝	2.44	kgCO$_2$/kg
7	水泥	P·S 32.5	838	kgCO$_2$/t
8	水泥	P·O 42.5	1180	kgCO$_2$/t
9	水泥	P·I 52.5	1350	kgCO$_2$/t
10	混凝土	C30	275	kgCO$_2$/m^3
11	混凝土	C40	299	kgCO$_2$/m^3
12	混凝土	C50	322	kgCO$_2$/m^3
13	混凝土	C60	371	kgCO$_2$/m^3
14	混凝土	C80	454	kgCO$_2$/m^3
15	砌体	烧结砖	0.22	kgCO$_2$/块
16	砌体	蒸压粉煤灰砖	0.842	kgCO$_2$/块
17	砌体	加气混凝土砌块	0.531	kgCO$_2$/块
18	玻璃	平板玻璃	4.3	kgCO$_2$/kg
19	陶瓷	建筑陶瓷	0.62	kgCO$_2$/kg
20	陶瓷	卫生陶瓷	1.84	kgCO$_2$/kg

序号	建材类别	材料名称	碳排放因子	碳排放因子单位
21	化学类和塑料类	PVC（聚氯乙烯）	4.65	$kgCO_2/kg$
22	凝胶	石膏	0.16	$kgCO_2/kg$
23	涂料	乳胶漆	6.9	$kgCO_2/kg$
24	涂料	涂料	1.78	$kgCO_2/kg$
25	防水材料	沥青卷材	12.95	$kgCO_2/m^3$
26	保温材料	隔热保温材料	3.29	$kgCO_2/kg$
27	水资源	水	0.26	$kgCO_2/m^3$

蔡九菊等给出建材生产碳排放因子　　　　表 6-5

序号	建材类别	材料名称	碳排放因子	碳排放因子单位
1	钢材	钢材	1.67	$kgCO_2/kg$

杨倩苗给出建材生产碳排放因子　　　　表 6-6

序号	建材类别	材料名称	碳排放因子	碳排放因子单位
1	钢材	钢材	8.2	$kgCO_2/kg$
2	砌块	黏土砖	349	$kgCO_2/$千块标准砖
3		空心黏土砖	290	$kgCO_2/$千块标准砖
4		实心灰砂砖	756	$kgCO_2/$千块标准砖
5		建筑垃圾制免烧免蒸砖	371	$kgCO_2/$千块标准砖
6		粉煤灰加气混凝土砌块	327	$kgCO_2/m^3$
7		普通混凝土砌块	171	$kgCO_2/m^3$
8		粉煤灰硅酸盐砌块	623	$kgCO_2/m^3$
9		麦草砖	0.0144	$kgCO_2/m^3$

龚志起给出建材生产碳排放因子　　　　表 6-7

序号	建材类别	材料名称	碳排放因子	碳排放因子单位
1	钢材	大型钢材	4.34	$kgCO_2/kg$
2	钢材	中小型钢材	3.59	$kgCO_2/kg$
3	钢材	线材	3.55	$kgCO_2/kg$
4	钢材	热轧钢板	3.76	$kgCO_2/kg$
5	钢材	冷轧钢板	4.52	$kgCO_2/kg$
6	水泥	水泥	1.04	tCO_2/t

陈莎等给出建材生产碳排放因子　　　　　　表 6-8

序号	建材类别	材料名称	碳排放因子	碳排放因子单位
1	钢材	钢材	2816.73	$kgCO_2/t$
2	混凝土	混凝土	364	$kgCO_2/m^3$
3	砌体	砌块	232.24	$kgCO_2/m^3$

王瑶给出建材生产碳排放因子　　　　　　表 6-9

序号	建材类别	材料名称	碳排放因子	碳排放因子单位
1	钢（铁）	钢材	2200	$kgCO_2/t$
2		钢筋	2310	$kgCO_2/t$
3		钢板	2200	$kgCO_2/t$
4	商品混凝土	C30 混凝土	321.3	$kgCO_2/m^3$
5		混凝土	297	$kgCO_2/m^3$
6	水泥	普通硅酸盐水泥	977	$kgCO_2/t$
7	木材	木材	878	$kgCO_2/m^3$
8		Glulam 胶合木（集成材）	210	$kgCO_2/m^3$
9		正交胶合木（CLT）	210	$kgCO_2/m^3$
10	砌体材料	标准砖	349	$kgCO_2/$ 千块标准砖
11		烧结普通砖	488.79	$kgCO_2/m^3$
12		复合砖	332.22	$kgCO_2/m^3$
13		生土砖	14.66	$kgCO_2/m^3$
14	砂石	砂（f=1.6～3.0）	2.796	$kgCO_2/t$
15		碎石（d=10～30mm）	2.425	$kgCO_2/t$
16		页岩石	4.845	$kgCO_2/t$
17		石灰	1344	$kgCO_2/t$
18		石膏	192.9	$kgCO_2/t$
19	保温材料	EPS 板	5.64	$kgCO_2/kg$
20	门窗	铝合金门窗	41.6	$kgCO_2/m^2$
21		塑钢窗	121.1	$kgCO_2/m^2$
22	铜芯导线电缆	铜芯电缆	9410	$kgCO_2/t$
23	建筑陶瓷	釉面砖	15.16	$kgCO_2/m^2$
24		平板玻璃	1071	$kgCO_2/t$
25	化学类和塑胶类管材	PVC-U 管	7.93	$kgCO_2/kg$
26		PE 管	3.6	$kgCO_2/kg$
27	建筑装饰涂料	水性涂料	6550	$kgCO_2/t$

罗智星给出建材生产碳排放因子 表6-10

序号	建材类别	材料名称	碳排放因子	碳排放因子单位
1	石料	原料开采	0.307	$kgCO_2/t$
2		材料生产	2.86	$kgCO_2/t$
3	水	自来水	0.256	$kgCO_2/m^3$
4		排水处理	1.06	$kgCO_2/m^3$
5		绿色水处理	0.185	$kgCO_2/m^3$
6	砂石	石板	134	$kgCO_2/m^3$
7		石膏	193	$kgCO_2/t$

张孝存给出建材生产碳排放因子 表6-11

序号	建材类别	材料名称	碳排放因子	碳排放因子单位
1	砂浆	抹灰混合砂浆	276.4	tCO_2/m^3
2		抹灰水泥砂浆	473	tCO_2/m^3
3		砌筑砂浆 M5	257.3	tCO_2/m^3
4		砌筑砂浆 M10	302.6	tCO_2/m^3
5		砌筑砂浆 M15	343.7	tCO_2/m^3
6		砌筑砂浆 M20	385	tCO_2/m^3
7	保温材料	聚苯板材	3.13	tCO_2/t
8		10mm 厚岩棉板	0.92	tCO_2/m^2
9	化学类和塑胶类管材	PP-R 管	6.2	tCO_2/t

汪静给出建材生产碳排放因子 表6-12

序号	建材类别	材料名称	碳排放因子	碳排放因子单位
1	建筑陶瓷	建筑陶瓷	0.73	tCO_2/t
2		卫生陶瓷	2.3	tCO_2/t
3	建筑装饰涂料	油漆	3.6	tCO_2/t
4	化学类和塑胶类管材	UPVC 水管	6.2	tCO_2/t
5	门窗	PVC 塑料门窗框	4.6	tCO_2/t
6	水泥砂浆	1:1 水泥砂浆	0.013	tCO_2/m^2
7		1:2 水泥砂浆	0.01	tCO_2/m^2
8		1:3 水泥砂浆	0.0068	tCO_2/m^2
9		1:1:2 混合砂浆	0.01	tCO_2/m^2
10		1:1:4 混合砂浆	0.0075	tCO_2/m^2
11		1:1:6 混合砂浆	0.0054	tCO_2/m^2

任志勇给出建材生产碳排放因子　　　　　表 6-13

序号	建材类别	材料名称或型号	碳排放因子	碳排放因子单位
序号	管道保温	管道保温层聚氨酯硬质泡沫塑料（PU）	21153	gCO$_2$/kg
1	管道保温	管道外套管保温壳高密度聚乙烯（PE）	9120	gCO$_2$/kg
2	混凝土	混凝土	485	gCO$_2$/kg
3	水泥	水泥	1180	gCO$_2$/kg
4	防水材料	沥青	5100	gCO$_2$/kg
5	砌体	面砖	132	gCO$_2$/kg
6	砂石	卵石	50	gCO$_2$/kg
7		沙子	20	gCO$_2$/kg
8	化学类和塑料类	PVC-U 管	3.88	tCO$_2$/t
9		PP-R 管	4.81	tCO$_2$/t
10		PEX 管	9.12	tCO$_2$/t
11	冷水机组	风冷涡旋式	53.1	kgCO$_2$/kW
12		风冷螺杆式	50.4	kgCO$_2$/kW
13		水冷涡旋式	31.3	kgCO$_2$/kW
14		水冷螺杆式	23.7	kgCO$_2$/kW
15		水冷离心式	24.7	kgCO$_2$/kW
16	热泵机组	单螺杆水源热泵	25	kgCO$_2$/kW
17		双螺杆水源热泵	28.2	kgCO$_2$/kW
18		离心式水源热泵	23.1	kgCO$_2$/kW
19		螺杆式空气源热泵	51.5	kgCO$_2$/kW
20		涡旋式风冷热泵	46.7	kgCO$_2$/kW
21	水泵（按功率：kW）的碳排放量是指总碳排放量	0.75kW	111.435	kgCO$_2$/台
22		1.1kW	133.95	kgCO$_2$/台
23		1.5kW	167.58	kgCO$_2$/台
24		2.2kW	198.645	kgCO$_2$/台
25		3kW	248.235	kgCO$_2$/台
26		4kW	283.005	kgCO$_2$/台
27		5.5kW	385.32	kgCO$_2$/台
28		7.5kW	418.665	kgCO$_2$/台
29		11kW	687.99	kgCO$_2$/台
30		15kW	754.11	kgCO$_2$/台
31		22kW	1319.55	kgCO$_2$/台

序号	建材类别	材料名称或型号	碳排放因子	碳排放因子单位
32	水泵（按功率：kW）的碳排放量是指总碳排放量	30kW	1623.36	kgCO$_2$/台
33		45kW	2447.295	kgCO$_2$/台
34		55kW	3158.655	kgCO$_2$/台
35		75kW	4940.19	kgCO$_2$/台
36		90kW	5951.37	kgCO$_2$/台
37		110kW	6420.765	kgCO$_2$/台
38	风机盘管（按型号）	FP3.5	44.5	kgCO$_2$/kW
39		FP5	39.4	kgCO$_2$/kW
40		FP6.3	33	kgCO$_2$/kW
41		FP8	29	kgCO$_2$/kW
42		FP10	25.2	kgCO$_2$/kW
43		FP12.5	28.9	kgCO$_2$/kW
44		FP16	24.6	kgCO$_2$/kW
45		FP20	21.1	kgCO$_2$/kW
46	预制直埋保温管道生产（按公称直径），以12m的预制直埋保温管道为例，碳排放量是指总碳排放量，包含钢管、保温层及保护壳的生产碳排放量和运输碳排放量	DN50	344.2	kgCO$_2$/12m
47		DN65	490.5	kgCO$_2$/12m
48		DN80	581.6	kgCO$_2$/12m
49		DN100	821	kgCO$_2$/12m
50		DN125	1079.1	kgCO$_2$/12m
51		DN150	1292.7	kgCO$_2$/12m
52		DN200	2218	kgCO$_2$/12m
53		DN250	3053.8	kgCO$_2$/12m
54		DN300	3749.7	kgCO$_2$/12m
55		DN350	4787.6	kgCO$_2$/12m
56		DN400	5180.1	kgCO$_2$/12m
57		DN450	5886.5	kgCO$_2$/12m
58		DN500	6976.7	kgCO$_2$/12m
59		DN600	8668.4	kgCO$_2$/12m
60		DN700	9965.5	kgCO$_2$/12m
61		DN800	12840.8	kgCO$_2$/12m
62		DN900	15189.2	kgCO$_2$/12m
63		DN1000	17808.9	kgCO$_2$/12m
64		DN1200	23567.4	kgCO$_2$/12m

续表

序号	建材类别	材料名称或型号	碳排放因子	碳排放因子单位
65		DN50	16.02	kgCO$_2$/6m
66		DN75	28.24	kgCO$_2$/6m
67		DN90	39.12	kgCO$_2$/6m
68		DN125	68.59	kgCO$_2$/6m
69	PVC-U 给水管生产（按公称直径），以 6m 的 PVC-U 给水管道为例，碳排放量是指总碳排放量，包含管道生产、运输及加工的碳排放量	DN140	85.58	kgCO$_2$/6m
70		DN160	111.76	kgCO$_2$/6m
71		DN200	148.09	kgCO$_2$/6m
72		DN250	229.14	kgCO$_2$/6m
73		DN312	363.84	kgCO$_2$/6m
74		DN355	419.16	kgCO$_2$/6m
75		DN400	532.58	kgCO$_2$/6m
76		DN450	678.17	kgCO$_2$/6m
77		DN500	835.21	kgCO$_2$/6m
78		DN50	28.7	kgCO$_2$/个
79		DN65	36.5	kgCO$_2$/个
80		DN80	47	kgCO$_2$/个
81		DN100	60	kgCO$_2$/个
82	蝶阀生产（按公称直径），以 PN1.0MPa 涡轮传动对夹式手动蝶阀为例，碳排放量是指总碳排放量，包含钢材生产、二次加工及运输的碳排放量	DN125	91.6	kgCO$_2$/个
83		DN150	118.5	kgCO$_2$/个
84		DN200	210.1	kgCO$_2$/个
85		DN250	288.7	kgCO$_2$/个
86		DN300	447.4	kgCO$_2$/个
87		DN350	727.1	kgCO$_2$/个
88		DN400	1007.2	kgCO$_2$/个
89		DN450	1249.4	kgCO$_2$/个
90		DN500	1443.7	kgCO$_2$/个
91		DN600	2062.8	kgCO$_2$/个
92		DN50	46.2	kgCO$_2$/个
93		DN65	67.6	kgCO$_2$/个
94	截止阀生产（按公称直径），以 PN0.6MPa 普通截止阀为例，碳排放量是指总碳排放量，包含钢材生产、二次加工及运输的碳排放量	DN80	90.2	kgCO$_2$/个
95		DN100	144.1	kgCO$_2$/个
96		DN125	221.8	kgCO$_2$/个
97		DN150	307.4	kgCO$_2$/个
98		DN200	488.5	kgCO$_2$/个

续表

序号	建材类别	材料名称或型号	碳排放因子	碳排放因子单位
99	闸阀生产（按公称直径），以 PN1.0MPa 楔式闸阀为例，碳排放量是指总碳排放量，包含钢材生产、二次加工及运输的碳排放量	DN50	104.4	kgCO₂/个
100		DN65	135.7	kgCO₂/个
101		DN80	182.7	kgCO₂/个
102		DN100	224.4	kgCO₂/个
103		DN125	313.2	kgCO₂/个
104		DN150	433.2	kgCO₂/个
105		DN200	636.8	kgCO₂/个
106		DN250	897.7	kgCO₂/个
107		DN300	1252.6	kgCO₂/个
108		DN350	1685.8	kgCO₂/个
109		DN400	2500	kgCO₂/个
110		DN450	3131.6	kgCO₂/个
111		DN500	4697.3	kgCO₂/个
112		DN600	6263.1	kgCO₂/个
113		DN700	10438.6	kgCO₂/个
114	平衡阀生产（按公称直径），以 KPF-16 型号的闸阀为例，碳排放量是指总碳排放量，包含钢材生产、二次加工及运输的碳排放量	DN50	30	kgCO₂/个
115		DN65	167	kgCO₂/个
116		DN80	224.4	kgCO₂/个
117		DN100	281.8	kgCO₂/个
118		DN125	443.6	kgCO₂/个
119		DN150	657.6	kgCO₂/个
120		DN200	1043.9	kgCO₂/个
121		DN250	1357	kgCO₂/个
122		DN300	1774.6	kgCO₂/个
123		DN350	2453.1	kgCO₂/个
124		DN400	3131.6	kgCO₂/个

王卓然给出建材生产碳排放因子　　表 6-14

序号	建材类别	材料名称	碳排放因子	碳排放因子单位
1	保温	EPS	221.2	kgCO₂/m³
2		XPS	296.6	kgCO₂/m³
3		水泥基发泡板	158.5	kgCO₂/m³
4		硬泡聚氨酯 PUR	363.7	kgCO₂/m³
5		岩棉板	285	kgCO₂/m³
6		泡沫玻璃	12	kgCO₂/m³

高源雪给出建材生产碳排放因子   表 6-15

序号	建材类别	材料名称	碳排放因子	碳排放因子单位
1	模板	木模板	146.3	$kgCO_2/m^3$

曹西给出建材生产碳排放因子   表 6-16

序号	建材类别	材料名称	碳排放因子	碳排放因子单位
1		剪力墙	815.86	$kgCO_2/m^3$
2	PC 构件	叠合梁	753.15	$kgCO_2/m^3$
3		叠合板（叠合板可以作为普通楼板、架空楼板、阳台板、空调板等）	673.8	$kgCO_2/m^3$
4		楼梯	609.65	$kgCO_2/m^3$

6.3 建材运输碳排放因子

部分标准和书籍中给出了建材运输碳排放因子（表 6-17、表 6-18），例如《建筑碳排放计算标准》GB/T 51366—2019 附录 D 和李岳岩等著《建筑全生命周期的碳足迹》。对于厦门市地方标准《建筑碳排放核算标准》DB 3502/Z 5053—2019 附录 C 中给出的各类运输方式的碳排放因子与《建筑碳排放计算标准》GB/T 51366—2019 附录 D 中一致，此处不再列举。另外，部分学术论文中也给出建材运输碳排放因子，见表 6-19、表 6-20。

《建筑碳排放计算标准》GB/T 51366—2019 建材运输碳排放因子   表 6-17

序号	运输方式	运输碳排放因子	运输碳排放因子单位
1	轻型汽油货车运输（载重 2t）	0.334	$kgCO_2e/(t \cdot km)$
2	中型汽油货车运输（载重 8t）	0.115	$kgCO_2e/(t \cdot km)$
3	重型汽油货车运输（载重 10t）	0.104	$kgCO_2e/(t \cdot km)$
4	重型汽油货车运输（载重 18t）	0.104	$kgCO_2e/(t \cdot km)$
5	轻型柴油货车运输（载重 2t）	0.286	$kgCO_2e/(t \cdot km)$
6	中型柴油货车运输（载重 8t）	0.179	$kgCO_2e/(t \cdot km)$
7	重型柴油货车运输（载重 10t）	0.162	$kgCO_2e/(t \cdot km)$
8	重型柴油货车运输（载重 18t）	0.129	$kgCO_2e/(t \cdot km)$
9	重型柴油货车运输（载重 30t）	0.078	$kgCO_2e/(t \cdot km)$
10	重型柴油货车运输（载重 46t）	0.057	$kgCO_2e/(t \cdot km)$
11	电力机车运输	0.01	$kgCO_2e/(t \cdot km)$
12	内燃机车运输	0.011	$kgCO_2e/(t \cdot km)$

序号	运输方式	运输碳排放因子	运输碳排放因子单位
13	铁路运输—中国市场平均	0.01	kgCO₂e/（t·km）
14	液货船运输（载重2000t）	0.019	kgCO₂e/（t·km）
15	干散货船运输（载重2500t）	0.015	kgCO₂e/（t·km）
16	集装箱船运输（载重200TEU）	0.012	kgCO₂e/（t·km）

李岳岩等著《建筑全生命周期的碳足迹》给出建材运输碳排放因子 表6-18

序号	材料名称	建材生产碳排放因子	运输碳排放因子单位
1	铁路运输	0.00923	kgCO₂e/（t·km）
2	公路运输（汽油）	0.228	kgCO₂e/（t·km）
3	公路运输（柴油）	0.196	kgCO₂e/（t·km）
4	内河运输	0.0452	kgCO₂e/（t·km）
5	海运	0.00779	kgCO₂e/（t·km）

崔鹏给出建材运输碳排放因子 表6-19

序号	材料名称	建材生产碳排放因子	运输碳排放因子单位
1	内燃机车	98.4	kgCO₂e/（万t·km）
2	电力机车（华北区域）	105	kgCO₂e/（万t·km）
3	电力机车（东北区域）	114	kgCO₂e/（万t·km）
4	电力机车（华东区域）	82.7	kgCO₂e/（万t·km）
5	电力机车（华中区域）	99.8	kgCO₂e/（万t·km）
6	电力机车（西北区域）	99.2	kgCO₂e/（万t·km）
7	海轮运输	154	kgCO₂e/（万t·km）
8	内陆水运运输	299	kgCO₂e/（万t·km）
9	民航运输	8738	kgCO₂e/（万t·km）

汪静给出建材运输碳排放因子 表6-20

序号	材料名称	建材生产碳排放因子	运输碳排放因子单位
1	蒸汽汽车	4.3	kgCO₂e/（万t·km）
2	内燃机车	59.8	kgCO₂e/（万t·km）
3	电力机车	30.3	kgCO₂e/（万t·km）

6.4　建材可回收率及回收碳排放因子

建材可回收率和回收碳排放因子见表 6-21 ~ 表 6-24。

李岳岩等著《建筑全生命周期的碳足迹》给出建材可回收率及回收碳排放因子表 6-21

序号	材料名称	可回收率	回收碳排放因子	单位
1	混凝土	0.7	6.4	$kgCO_2/t$
2	砖	0.7	290	$kgCO_2/$ 千块标准砖
3	各类型钢	0.9	1942.5	$kgCO_2/t$
4	钢筋	0.9	1942.5	$kgCO_2/t$
5	铜芯导线电缆	0.9	7.92	$kgCO_2/kg$
6	门窗（铝合金中空）	0.8	10.9	$kgCO_2/m^2$
7	木材	0.65	139	$kgCO_2/m^3$
8	PVC 管材	0.25	9.74	$kgCO_2/kg$
9	玻璃	0.8	252.10	$kgCO_2/t$

Mikko Nymana 等给出建材可回收率　　　　表 6-22

序号	材料名称	可回收率
1	钢材	0.7
2	铜材	0.9
3	铝材	0.75

任志勇给出建材可回收率　　　　表 6-23

序号	材料名称	可回收率
1	钢材	0.62
2	不锈钢	0.6
3	钢筋	0.4
4	铜材	0.65
5	铝材	0.7
6	塑材	0.2

李兆坚给出建材可回收率　　　　表 6-24

序号	材料名称	可回收率
1	钢材	0.8
2	钢筋	0.4
3	不锈钢	0.85
4	铜材	0.9
5	铝材	0.85

6.5 施工机械能源用量

施工机械能源用量见表6-25、表6-26。

《建筑碳排放计算标准》GB/T 51366—2019 施工机械能源用量　　表 6-25

序号	机械名称	能源用量	能源用量单位
1	履带式推土机1（75kW）	56.5	kg 柴油 / 台班
2	履带式推土机2（105kW）	60.8	kg 柴油 / 台班
3	履带式推土机3（135kW）	66.8	kg 柴油 / 台班
4	履带式单斗液压挖掘机1（0.6m³）	33.68	kg 柴油 / 台班
5	履带式单斗液压挖掘机2（1m³）	63	kg 柴油 / 台班
6	轮胎式装载机1（1m³）	52.73	kg 汽油 / 台班
7	轮胎式装载机2（1.5m³）	58.75	kg 汽油 / 台班
8	钢轮内燃压路机1（8t）	19.79	kg 柴油 / 台班
9	钢轮内燃压路机2（15t）	42.95	kg 柴油 / 台班
10	电动夯实机（250Nm）	16.6	kWh 电 / 台班
11	强夯机械1（1200kN·m）	32.75	kg 柴油 / 台班
12	强夯机械2（2000kN·m）	42.76	kg 柴油 / 台班
13	强夯机械3（3000kN·m）	55.27	kg 柴油 / 台班
14	强夯机械4（4000kN·m）	58.22	kg 柴油 / 台班
15	强夯机械5（5000kN·m）	81.44	kg 柴油 / 台班
16	锚杆钻孔机（32mm）	69.72	kg 柴油 / 台班
17	履带式柴油打桩机1（2.5t）	44.37	kg 柴油 / 台班
18	履带式柴油打桩机2（3.5t）	47.94	kg 柴油 / 台班
19	履带式柴油打桩机3（5t）	53.93	kg 柴油 / 台班
20	履带式柴油打桩机4（7t）	57.4	kg 柴油 / 台班
21	履带式柴油打桩机5（8t）	59.14	kg 柴油 / 台班
22	轨道式柴油打桩机1（3.5t）	56.9	kg 柴油 / 台班
23	轨道式柴油打桩机2（4t）	61.7	kg 柴油 / 台班
24	步履式柴油打桩机（60kW）	336.87	kWh 电 / 台班
25	振动沉拔桩机1（300kN）	17.43	kg 柴油 / 台班
26	振动沉拔桩机2（400kN）	24.9	kg 柴油 / 台班
27	静力压桩机1（900kN）	91.81	kWh 电 / 台班
28	静力压桩机2（2000kN）	77.76	kg 柴油 / 台班
29	静力压桩机3（3000kN）	85.26	kg 柴油 / 台班

续表

序号	机械名称	能源用量	能源用量单位
30	静力压桩机 4（4000kN）	96.25	kg 柴油 / 台班
31	汽车式钻机（1000mm）	48.8	kg 柴油 / 台班
32	回旋钻机 1（800mm）	142.5	kWh 电 / 台班
33	回旋钻机 2（1000mm）	163.72	kWh 电 / 台班
34	回旋钻机 3（1500mm）	190.72	kWh 电 / 台班
35	螺旋钻机（600mm）	181.27	kWh 电 / 台班
36	冲孔钻机（1000mm）	40	kWh 电 / 台班
37	履带式旋挖钻机 1（1000mm）	146.56	kg 柴油 / 台班
38	履带式旋挖钻机 2（1500mm）	164.32	kg 柴油 / 台班
39	履带式旋挖钻机 3（2000mm）	172.32	kg 柴油 / 台班
40	三轴搅拌桩机 1（650mm）	126.42	kWh 电 / 台班
41	三轴搅拌桩机 2（850mm）	156.42	kWh 电 / 台班
42	电动灌浆机	16.2	kWh 电 / 台班
43	履带式起重机 1（5t）	18.42	kg 柴油 / 台班
44	履带式起重机 2（10t）	23.56	kg 柴油 / 台班
45	履带式起重机 3（15t）	29.52	kg 柴油 / 台班
46	履带式起重机 4（20t）	30.75	kg 柴油 / 台班
47	履带式起重机 5（25t）	36.98	kg 柴油 / 台班
48	履带式起重机 6（30t）	41.61	kg 柴油 / 台班
49	履带式起重机 7（40t）	42.46	kg 柴油 / 台班
50	履带式起重机 8（50t）	44.03	kg 柴油 / 台班
51	履带式起重机 9（60t）	47.17	kg 柴油 / 台班
52	轮胎式起重机 1（25t）	46.26	kg 柴油 / 台班
53	轮胎式起重机 2（40t）	62.76	kg 柴油 / 台班
54	轮胎式起重机 3（50t）	64.76	kg 柴油 / 台班
55	汽车式起重机 1（8t）	28.43	kg 柴油 / 台班
56	汽车式起重机 2（12t）	30.55	kg 柴油 / 台班
57	汽车式起重机 3（16t）	35.85	kg 柴油 / 台班
58	汽车式起重机 4（20t）	38.41	kg 柴油 / 台班
59	汽车式起重机 5（30t）	42.14	kg 柴油 / 台班
60	汽车式起重机 6（40t）	48.52	kg 柴油 / 台班
61	叉式起重机（3t）	26.46	kg 汽油 / 台班
62	自升式塔式起重机 1（400t）	164.31	kWh 电 / 台班

续表

序号	机械名称	能源用量	能源用量单位
63	自升式塔式起重机 2（60t）	166.29	kWh 电 / 台班
64	自升式塔式起重机 3（800t）	169.16	kWh 电 / 台班
65	自升式塔式起重机 4（1000t）	170.02	kWh 电 / 台班
66	自升式塔式起重机 5（2500t）	266.04	kWh 电 / 台班
67	自升式塔式起重机 6（3000t）	295.6	kWh 电 / 台班
68	门式起重机（10t）	88.29	kWh 电 / 台班
69	载重汽车 1（4t）	25.48	kg 汽油 / 台班
70	载重汽车 2（6t）	33.24	kg 柴油 / 台班
71	载重汽车 3（8t）	35.49	kg 柴油 / 台班
72	载重汽车 4（12t）	46.27	kg 柴油 / 台班
73	载重汽车 5（15t）	56.74	kg 柴油 / 台班
74	载重汽车 6（20t）	62.56	kg 柴油 / 台班
75	自卸汽车 1（5t）	31.34	kg 汽油 / 台班
76	自卸汽车 2（15t）	52.93	kg 柴油 / 台班
77	平板拖车组（20t）	45.39	kg 柴油 / 台班
78	机动翻斗车（1t）	6.03	kg 柴油 / 台班
79	洒水车（4000L）	30.21	kg 汽油 / 台班
80	泥浆罐车（5000L）	31.57	kg 汽油 / 台班
81	电动单筒快速卷扬机（10kN）	32.9	kWh 电 / 台班
82	电动单筒慢速卷扬机 1（10kN）	126	kWh 电 / 台班
83	电动单筒慢速卷扬机 2（30kN）	28.76	kWh 电 / 台班
84	单笼施工电梯（提升 1t 高度 75m）	42.32	kWh 电 / 台班
85	单笼施工电梯（提升 1t 高度 100m）	45.66	kWh 电 / 台班
86	双笼施工电梯（提升 2t 高度 100m）	81.86	kWh 电 / 台班
87	双笼施工电梯（提升 2t 高度 200m）	159.94	kWh 电 / 台班
88	平台作业升降车（20m）	48.25	kg 柴油 / 台班
89	涡桨式混凝土搅拌机 1（250L）	34.1	kWh 电 / 台班
90	涡桨式混凝土搅拌机 2（500L）	107.71	kWh 电 / 台班
91	双锥反转出料混凝土搅拌机（500L）	55.04	kWh 电 / 台班
92	混凝土输送泵 1（45m³/h）	243.46	kWh 电 / 台班
93	混凝土输送泵 2（75m³/h）	367.96	kWh 电 / 台班
94	混凝土喷湿机（5m³/h）	15.4	kWh 电 / 台班
95	灰浆搅拌机（200L）	8.61	kWh 电 / 台班

续表

序号	机械名称	能源用量	能源用量单位
96	干混砂浆罐式搅拌机（20000L）	28.51	kWh 电 / 台班
97	挤压式灰浆输送泵（3m³/h）	23.7	kWh 电 / 台班
98	偏心振动筛（16m³/h）	28.6	kWh 电 / 台班
99	混凝土抹平机（5.5kW）	23.14	kWh 电 / 台班
100	钢筋切断机（40mm）	32.1	kWh 电 / 台班
101	钢筋弯曲机（40mm）	12.8	kWh 电 / 台班
102	预应力钢筋拉伸机 1（650kN）	17.25	kWh 电 / 台班
103	预应力钢筋拉伸机 2（900kN）	29.16	kWh 电 / 台班
104	木工圆锯机（500mm）	24	kWh 电 / 台班
105	木工平刨床（500mm）	12.9	kWh 电 / 台班
106	木工三面压刨床（400mm）	52.4	kWh 电 / 台班
107	木工榫机（160mm）	27	kWh 电 / 台班
108	木工打眼机	4.7	kWh 电 / 台班
109	普通车床（400mm×2000mm）	22.77	kWh 电 / 台班
110	摇臂钻床 1（50mm）	9.87	kWh 电 / 台班
111	摇臂钻床 2（63mm）	17.07	kWh 电 / 台班
112	锥形螺纹车丝机（45mm）	9.24	kWh 电 / 台班
113	螺栓套丝机	25	kWh 电 / 台班
114	板料校平机（16mm×2000mm）	120.6	kWh 电 / 台班
115	刨边机（1200mm）	75.9	kWh 电 / 台班
116	半自动切割机（100mm）	98	kWh 电 / 台班
117	自动仿形切割机（60mm）	59.35	kWh 电 / 台班
118	管子切断机 1（150mm）	12.9	kWh 电 / 台班
119	管子切断机 2（250mm）	22.5	kWh 电 / 台班
120	型钢剪断机（500mm）	53.2	kWh 电 / 台班
121	型钢矫正机（60mm×800mm）	64.2	kWh 电 / 台班
122	电动弯管机（108mm）	32.1	kWh 电 / 台班
123	液压弯管机（60mm）	27	kWh 电 / 台班
124	空气锤（75kg）	24.2	kWh 电 / 台班
125	摩擦压力机（3000kN）	96.5	kg 柴油 / 台班
126	开式可倾压力机（1250kN）	35	kWh 电 / 台班
127	钢筋挤压连接机	15.94	kWh 电 / 台班
128	电动修钉机	100.8	kWh 电 / 台班

续表

序号	机械名称	能源用量	能源用量单位
129	岩石切割机（3kW）	11.28	kWh 电 / 台班
130	平面水磨机（3kW）	14	kWh 电 / 台班
131	喷砂除锈机（3m³/min）	28.41	kWh 电 / 台班
132	抛丸除锈机（219mm）	34.26	kWh 电 / 台班
133	内燃单级离心清水泵（50mm）	3.36	kg 汽油 / 台班
134	电动多级离心清水泵（扬程 120m 以下）	180.4	kg 柴油 / 台班
135	电动多级离心清水泵（扬程 180m 以下）	302.6	kWh 电 / 台班
136	电动多级离心清水泵（扬程 280m 以下）	354.78	kWh 电 / 台班
137	泥浆泵 1（出口直径 50mm）	40.9	kWh 电 / 台班
138	泥浆泵 2（出口直径 100mm）	234.6	kWh 电 / 台班
139	潜水泵 1（出口直径 50mm）	20	kWh 电 / 台班
140	潜水泵 2（出口直径 100mm）	25	kWh 电 / 台班
141	高压油泵（80MPa）	209.67	kWh 电 / 台班
142	交流弧焊机 1（21kVA）	60.27	kWh 电 / 台班
143	交流弧焊机 2（32kVA）	96.53	kWh 电 / 台班
144	交流弧焊机 3（40kVA）	132.23	kWh 电 / 台班
145	点焊机（75kVA）	154.63	kWh 电 / 台班
146	对焊机（75kVA）	122	kWh 电 / 台班
147	氩弧焊机（500A）	70.7	kWh 电 / 台班
148	二氧化碳气体保护焊机（250A）	24.5	kWh 电 / 台班
149	电渣焊机（1000A）	147	kWh 电 / 台班
150	电焊条烘干箱（45×35×45cm³）	6.7	kWh 电 / 台班
151	电动空气压缩机 1（0.3m³/min）	16.1	kWh 电 / 台班
152	电动空气压缩机 2（0.6m³/min）	24.2	kWh 电 / 台班
153	电动空气压缩机 3（1m³/min）	40.3	kWh 电 / 台班
154	电动空气压缩机 4（3m³/min）	107.5	kWh 电 / 台班
155	电动空气压缩机 5（6m³/min）	215	kWh 电 / 台班
156	电动空气压缩机 6（9m³/min）	350	kWh 电 / 台班
157	电动空气压缩机 7（10m³/min）	403.2	kWh 电 / 台班
158	导杆式液压抓斗成槽机	163.39	kg 柴油 / 台班
159	超声波侧壁机	36.85	kWh 电 / 台班
160	泥浆制作循环设备	503.9	kWh 电 / 台班
161	锁扣管顶升机	64	kWh 电 / 台班

续表

序号	机械名称	能源用量	能源用量单位
162	工程地质液压钻机	30.8	kg 柴油 / 台班
163	轴流通风机（7.5kW）	40.3	kWh 电 / 台班
164	吹风机（4m³/min）	6.98	kWh 电 / 台班
165	井点降水钻机	5.7	kWh 电 / 台班
166	钢筋调直机	10.1	kWh 电 / 台班
168	电锤（520W）	4.06	kWh 电 / 台班
169	电钻	6.33	kWh 电 / 台班
170	混凝土振动器（插入式）	11.7	kWh 电 / 台班
171	混凝土振动器（平板式）	5.86	kWh 电 / 台班
172	多面木工裁口机（400mm）	30.7	kWh 电 / 台班
173	抛光机	82	kWh 电 / 台班
174	轮胎式拖拉机（21kW）	54.4	kWh 电 / 台班

刘胜男给出施工机械能源用量　　表 6-26

序号	机械名称	能源用量	能源用量单位
1	履带式推土机（75kW）	235.94	kg 柴油 / 台班
2	履带式单斗液压挖掘机（0.6m³）	147.18	kg 柴油 / 台班
3	履带式单斗液压挖掘机（1m³）	275.31	kg 柴油 / 台班
4	履带式单斗液压挖掘机（1.5m³）	442.99	kg 柴油 / 台班
5	电动夯实机（250N·m）	22.58	kWh 电 / 台班
6	履带式打桩机（5t）	235.67	kg 柴油 / 台班
7	履带式打桩机（7t）	250.84	kg 柴油 / 台班
8	履带式柴油打桩机（2.5t）	193.9	kg 柴油 / 台班
9	履带式柴油打桩机（5t）	236.67	kg 柴油 / 台班
10	滚筒式混凝土搅拌机（电动）	28.44	kWh 电 / 台班
11	双推反转出料混凝土搅拌机（200L）	31.69	kWh 电 / 台班
12	涡桨式混凝土搅拌机（250L）	46.38	kWh 电 / 台班
13	混凝土抹平机	43.52	kWh 电 / 台班
14	钢筋调直机（14mm）	16.18	kWh 电 / 台班
15	钢筋切断机（40mm）	43.66	kWh 电 / 台班
16	钢筋弯曲机（40mm）	17.41	kWh 电 / 台班
17	剪板机（40×3100mm）	142.53	kWh 电 / 台班
18	交流弧焊机（21kV×A）	81.97	kWh 电 / 台班

续表

序号	机械名称	能源用量	能源用量单位
19	交流弧焊机（32kV×A）	131.28	kWh 电 / 台班
20	交流弧焊机（40kV×A）	131.28	kWh 电 / 台班
21	对焊机（75kV×A）	55.71	kWh 电 / 台班
22	点焊机（75kV×A）	128.11	kWh 电 / 台班
23	电渣焊机（1000A）	199.92	kWh 电 / 台班
24	电焊条烘干箱（45×35×45cm³）	9.11	kWh 电 / 台班

6.6 电力电网碳排放因子

各省市电网平均碳排放因子见表 6-27、表 6-28。

各省市电网平均碳排放因子　　　　表 6-27

序号	发布时间	覆盖地区	电网碳排放因子（kgCO₂/kWh）		数据来源
1	2023 年	全国	0.5703		《关于做好 2023—2025 年发电行业企业温室气体排放报告管理有关工作的通知》
2	2021 年	全国	0.5810		《企业温室气体排放核算方法与报告指南 发电设施（2022 年修订版）》
3	2015 年		0.6101		《企业温室气体排放核算方法与报告指南 发电设施（2021 年修订版）》（征求意见稿）修订说明
4	2022 年 5 月 11 日	安徽省	2022 年 3 月前	0.6101	安徽省生态环境厅关于"安徽省温室气体排放核算指南相关排放因子数值咨询"问题的回复
			2022 年 3 月后	0.5810	
5	2022 年 2 月 11 日	上海市	0.4200		上海市生态环境局关于调整本市温室气体排放核算指南相关排放因子数值的通知
6	2022 年 3 月 10 日	成都市	0.5257		成都市生态环境局等 7 部门关于印发《成都市近零碳排放区试点建设工作方案（试行）》的通知
7	2022 年 4 月 24 日	四川省	不分品种（省级电网）	0.1031	四川省生态环境厅 四川省经济和信息化厅关于开展近零碳排放园区试点工作的通知
			分品种（煤电）	0.8530	
			分品种（气电）	0.4050	
			分品种（绿电）	0	
			分品种（其他可再生能源电力）	0	

序号	发布时间	覆盖地区	电网碳排放因子（kgCO$_2$/kWh）	数据来源
8	2021 年 1 月 1 日	深圳市南山区	0.3876	深圳市南山区人民政府关于印发南山区政府投资类建设项目落实碳排放全过程管理实施指引的通知
9	2020 年 6 月 16 日	广东省	见表 6-28	广东省生态环境厅关于印发《广东省市县（区）温室气体清单编制指南（试行）》的通知
10	2020 年 12 月	广东省	0.3748	《建筑碳排放计算导则（试行）》
11	2020 年 12 月	北京市	0.6040	《二氧化碳排放核算和报告要求 电力生产业》DB11/T 1781—2020

广东省各地区电网平均碳排放因子　　　　表 6-28

序号	地区	各地区电网平均碳排放因子（kgCO$_2$/kWh）			
		2015 年	2016 年	2017 年	2018 年
1	广东省	0.5003	0.4512	0.4512	0.4512
2	广州市	0.8054	0.7626	0.7453	0.6959
3	深圳市	0.1653	0.1702	0.2901	0.2457
4	珠海市	0.6280	0.6104	0.5950	0.5994
5	汕头市	0.7337	0.7435	0.7444	0.7450
6	佛山市	0.6276	0.5716	0.6080	0.5975
7	韶关市	0.4873	0.3822	0.4664	0.5071
8	河源市	0.4704	0.3565	0.4496	0.5362
9	梅州市	0.4409	0.3976	0.4353	0.4824
10	惠州市	0.6465	0.5964	0.5948	0.5283
11	汕尾市	0.7988	0.7458	0.6687	0.7368
12	东莞市	0.7394	0.6884	0.6429	0.6052
13	中山市	0.4670	0.4883	0.4865	0.4755
14	江门市	0.7667	0.7231	0.7417	0.6608
15	阳江市	0.3329	0.2384	0.2255	0.2112
16	湛江市	0.7059	0.6226	0.5735	0.5681
17	茂名市	0.5567	0.5766	0.5752	0.5972
18	肇庆市	0.4358	0.3124	0.3860	0.4575
19	潮州市	0.8000	0.8077	0.8878	0.7158
20	揭阳市	0.6886	0.6706	0.7083	0.7189
21	云浮市	0.7668	0.7122	0.7315	0.7335

6.7 各区域电网因子的更新

2007~2014 年各区域电网碳排放因子见表 6-29。

2007~2014 年各区域电网碳排放因子　　　　表 6-29

年份	区域	碳排放因子 （kgCO$_2$/kWh）	来源
2007 年	华北电网	1.5420	《中国燃煤电力温室气体排放计算工具指南》（2013 年）
		1.0729	《外购电力温室气体排放》（2014 年 12 月）
		1.0697	《能源消耗引起的温室气体排放计算工具指南》
	东北电网	1.1554	《中国燃煤电力温室气体排放计算工具指南》（2013 年）
		1.1425	《外购电力温室气体排放》（2014 年 12 月）
		1.1389	《能源消耗引起的温室气体排放计算工具指南》
	华东电网	0.8462	《中国燃煤电力温室气体排放计算工具指南》（2013 年）
		0.8393	《外购电力温室气体排放》（2014 年 12 月）
		0.8364	《能源消耗引起的温室气体排放计算工具指南》
	华中电网	0.7744	《中国燃煤电力温室气体排放计算工具指南》（2013 年）
		0.7658	《外购电力温室气体排放》（2014 年 12 月）
		0.7645	《能源消耗引起的温室气体排放计算工具指南》
	西北电网	0.8731	《中国燃煤电力温室气体排放计算工具指南》（2013 年）
		0.8619	《外购电力温室气体排放》（2014 年 12 月）
		0.8612	《能源消耗引起的温室气体排放计算工具指南》
	南方电网	0.7451	《中国燃煤电力温室气体排放计算工具指南》（2013 年）
		0.7384	《外购电力温室气体排放》（2014 年 12 月）
		0.7373	《能源消耗引起的温室气体排放计算工具指南》
	海南电网	0.768	《中国燃煤电力温室气体排放计算工具指南》（2013 年）
		0.7581	《外购电力温室气体排放》（2014 年 12 月）
		0.7581	《能源消耗引起的温室气体排放计算工具指南》
2008 年	华北电网	1.1232	《中国燃煤电力温室气体排放计算工具指南》（2013 年）
		1.1103	《外购电力温室气体排放》（2014 年 12 月）
		1.1067	《能源消耗引起的温室气体排放计算工具指南》
	东北电网	1.1716	《中国燃煤电力温室气体排放计算工具指南》（2013 年）
		1.1576	《外购电力温室气体排放》（2014 年 12 月）
		1.1545	《能源消耗引起的温室气体排放计算工具指南》

年份	区域	碳排放因子 （kgCO₂/kWh）	来源
2008 年	华东电网	0.8238	《中国燃煤电力温室气体排放计算工具指南》（2013 年）
		0.8152	《外购电力温室气体排放》（2014 年 12 月）
		0.8128	《能源消耗引起的温室气体排放计算工具指南》
	华中电网	0.6887	《中国燃煤电力温室气体排放计算工具指南》（2013 年）
		0.6807	《外购电力温室气体排放》（2014 年 12 月）
		0.6804	《能源消耗引起的温室气体排放计算工具指南》
	西北电网	0.8533	《中国燃煤电力温室气体排放计算工具指南》（2013 年）
		0.8424	《外购电力温室气体排放》（2014 年 12 月）
		0.8417	《能源消耗引起的温室气体排放计算工具指南》
	南方电网	0.659	《中国燃煤电力温室气体排放计算工具指南》（2013 年）
		0.6537	《外购电力温室气体排放》（2014 年 12 月）
		0.6525	《能源消耗引起的温室气体排放计算工具指南》
	海南电网	0.7753	《中国燃煤电力温室气体排放计算工具指南》（2013 年）
		0.7656	《外购电力温室气体排放》（2014 年 12 月）
		0.7653	《能源消耗引起的温室气体排放计算工具指南》
2010 年	华北电网	1.09077	世界资源研究院 WRI 发表工作论文《准确核算每一吨碳排：企业外购电力温室气体排放因子解析》
		0.8845	气候变化战略中心 2013 年发表《2010 年中国区域及省级电网平均二氧化碳排放因子》
	东北电网	1.07601	世界资源研究院 WRI 发表工作论文《准确核算每一吨碳排：企业外购电力温室气体排放因子解析》
		0.8045	气候变化战略中心 2013 年发表《2010 年中国区域及省级电网平均二氧化碳排放因子》
	华东电网	0.77357	世界资源研究院 WRI 发表工作论文《准确核算每一吨碳排：企业外购电力温室气体排放因子解析》
		0.7182	气候变化战略中心 2013 年发表《2010 年中国区域及省级电网平均二氧化碳排放因子》
	华中电网	0.66604	世界资源研究院 WRI 发表工作论文《准确核算每一吨碳排：企业外购电力温室气体排放因子解析》
		0.5676	气候变化战略中心 2013 年发表《2010 年中国区域及省级电网平均二氧化碳排放因子》

续表

年份	区域	碳排放因子 （kgCO$_2$/kWh）	来源
2010 年	西北电网	0.81356	世界资源研究院 WRI 发表工作论文《准确核算每一吨碳排：企业外购电力温室气体排放因子解析》
		0.6958	气候变化战略中心 2013 年发表《2010 年中国区域及省级电网平均二氧化碳排放因子》
	南方电网	0.66609	世界资源研究院 WRI 发表工作论文《准确核算每一吨碳排：企业外购电力温室气体排放因子解析》
		0.596	气候变化战略中心 2013 年发表《2010 年中国区域及省级电网平均二氧化碳排放因子》
2011 年	华北电网	1.12816	世界资源研究院 WRI 发表工作论文《准确核算每一吨碳排：企业外购电力温室气体排放因子解析》
	东北电网	1.13672	
	华东电网	0.78427	
	华中电网	0.703	
	西北电网	0.81189	
	南方电网	0.66937	
2012 年	华北电网	0.8843	《建筑碳排放计算标准》GB/T 51366—2019
	东北电网	0.7769	
	华东电网	0.7035	
	华中电网	0.5257	
	西北电网	0.6671	
	南方电网	0.5271	
2014 年	华北电网	1.246	《建筑碳排放计量标准》CECS 374：2014
	东北电网	1.096	
	华东电网	0.928	
	华中电网	0.801	
	西北电网	0.997	
	南方电网	0.714	
	海南	0.917	

　　中华人民共和国生态环境部发布了 2006～2019 年中国电网基准线排放因子，见表 6-30。

2006~2019 年中国电网基准线排放因子　　　表 6-30

年份	区域	$EF_{grid, OM, y}$ （tCO$_2$/MWh）	$EF_{grid, BM, y}$ （tCO$_2$/MWh）	备注
2006 年	华北区域电网	1.0585	0.9066	
	东北区域电网	1.1983	0.8108	
	华东区域电网	0.9411	0.7869	
	华中区域电网	1.2526	0.6363	
	西北区域电网	1.0329	0.6491	
	南方区域电网	0.9853	0.5714	
	海南省电网	0.9349	0.7568	
2007 年	华北区域电网	1.1208	0.9397	OM 为 2003~2005 年电量边际排放因子的加权平均值；BM 为截至 2005 年统计数据的容量边际排放因子
	东北区域电网	1.2404	0.8631	
	华东区域电网	0.9421	0.8672	
	华中区域电网	1.2899	0.6592	
	西北区域电网	1.1257	0.5739	
	南方区域电网	1.0119	0.6748	
	海南省电网	0.9209	0.7517	
2008 年	华北区域电网	1.1169	0.8687	OM 为 2004~2006 年电量边际排放因子的加权平均值；BM 为截至 2006 年统计数据的容量边际排放因子
	东北区域电网	1.2561	0.8068	
	华东区域电网	0.9540	0.8236	
	华中区域电网	1.2783	0.6687	
	西北区域电网	1.1225	0.6199	
	南方区域电网	1.0608	0.6816	
	海南省电网	0.8944	0.7523	
2009 年	华北区域电网	1.0069	0.7802	OM 为 2005~2007 年电量边际排放因子的加权平均值；BM 为截至 2007 年统计数据的容量边际排放因子
	东北区域电网	1.1293	0.7242	
	华东区域电网	0.8825	0.6826	
	华中区域电网	1.1255	0.5802	
	西北区域电网	1.0246	0.6433	
	南方区域电网	0.9987	0.5772	
	海南省电网	0.8154	0.7297	

年份	区域	$EF_{grid,OM,y}$ (tCO$_2$/MWh)	$EF_{grid,BM,y}$ (tCO$_2$/MWh)	备注
2010 年	华北区域电网	0.9914	0.7495	OM 为 2006～2008 年电量边际排放因子的加权平均值；BM 为截至 2008 年统计数据的容量边际排放因子
	东北区域电网	1.1109	0.7086	
	华东区域电网	0.8592	0.6789	
	华中区域电网	1.0871	0.4543	
	西北区域电网	0.9947	0.6878	
	南方区域电网	0.9762	0.4506	
	海南省电网	0.7972	0.7328	
2011 年	华北区域电网	0.9803	0.6426	OM 为 2007～2009 年电量边际排放因子的加权平均值；BM 为截至 2009 年统计数据的容量边际排放因子；海南省电网于 2009 年并入南方区域电网
	东北区域电网	1.0852	0.5987	
	华东区域电网	0.8367	0.6622	
	华中区域电网	1.0297	0.4191	
	西北区域电网	1.0001	0.5851	
	南方区域电网	0.9489	0.3157	
2012 年	华北区域电网	1.0021	0.5940	OM 为 2008～2010 年电量边际排放因子的加权平均值；BM 为截至 2010 年统计数据的容量边际排放因子
	东北区域电网	1.0935	0.6104	
	华东区域电网	0.8244	0.6889	
	华中区域电网	0.9944	0.4733	
	西北区域电网	0.9913	0.5398	
	南方区域电网	0.9344	0.3791	
2013 年	华北区域电网	1.0302	0.5777	OM 为 2009～2011 年电量边际排放因子的加权平均值；BM 为截至 2011 年统计数据的容量边际排放因子
	东北区域电网	1.1120	0.6117	
	华东区域电网	0.8100	0.7125	
	华中区域电网	0.9779	0.4990	
	西北区域电网	0.9720	0.5115	
	南方区域电网	0.9223	0.3769	
2014 年	华北区域电网	1.0580	0.5410	OM 为 2010～2012 年电量边际排放因子的加权平均值；BM 为截至 2012 年统计数据的容量边际排放因子
	东北区域电网	1.1281	0.5537	
	华东区域电网	0.8095	0.6861	
	华中区域电网	0.9724	0.4737	
	西北区域电网	0.9578	0.4512	
	南方区域电网	0.9183	0.4367	

续表

年份	区域	$EF_{\mathrm{grid,\,OM,\,y}}$（tCO₂/MWh）	$EF_{\mathrm{grid,\,BM,\,y}}$（tCO₂/MWh）	备注
2015 年	华北区域电网	1.0416	0.4780	OM 为 2011～2013 年电量边际排放因子的加权平均值；BM 为截至 2013 年统计数据的容量边际排放因子
	东北区域电网	1.1291	0.4315	
	华东区域电网	0.8112	0.5945	
	华中区域电网	0.9515	0.3500	
	西北区域电网	0.9457	0.3162	
	南方区域电网	0.8959	0.3648	
2016 年	华北区域电网	1.0000	0.4506	OM 为 2012～2014 年电量边际排放因子的加权平均值；BM 为截至 2014 年统计数据的容量边际排放因子
	东北区域电网	1.1171	0.4425	
	华东区域电网	0.8086	0.5483	
	华中区域电网	0.9229	0.3071	
	西北区域电网	0.9316	0.3467	
	南方区域电网	0.8676	0.3071	
2017 年	华北区域电网	0.9680	0.4578	OM 为 2013～2015 年电量边际排放因子的加权平均值；BM 为截至 2015 年统计数据的容量边际排放因子
	东北区域电网	1.1082	0.3310	
	华东区域电网	0.8046	0.4923	
	华中区域电网	0.9014	0.3112	
	西北区域电网	0.9155	0.3232	
	南方区域电网	0.8367	0.2476	
2018 年	华北区域电网	0.9455	0.4706	OM 为 2014～2016 年电量边际排放因子的加权平均值；BM 为截至 2016 年统计数据的容量边际排放因子
	东北区域电网	1.0925	0.2631	
	华东区域电网	0.7937	0.3834	
	华中区域电网	0.8770	0.2658	
	西北区域电网	0.8984	0.3876	
	南方区域电网	0.8094	0.1963	
2019 年	华北区域电网	0.9419	0.4819	OM 为 2015～2017 年电量边际排放因子的加权平均值；BM 为截至 2017 年统计数据的容量边际排放因子
	东北区域电网	1.0826	0.2399	
	华东区域电网	0.7921	0.3870	
	华中区域电网	0.8587	0.2854	
	西北区域电网	0.8922	0.4407	
	南方区域电网	0.8042	0.2135	

注：各区域电网包含地区：

华北区域电网：北京市、天津市、河北省、山西省、山东省、内蒙古自治区；

东北区域电网：辽宁省、吉林省、黑龙江省；

华东区域电网：上海市、江苏省、浙江省、安徽省、福建省；

华中区域电网：河南省、湖北省、湖南省、江西省、四川省、重庆市；

西北区域电网：陕西省、甘肃省、青海省、宁夏回族自治区、新疆维吾尔自治区；

南方区域电网：广东省、广西壮族自治区、云南省、贵州省、海南省（海南省于 2019 年加入南方区域电网）。

6.8 绿化年二氧化碳固定量

广东省《建筑碳排放计算导则（试行）》中给出深圳特区植被碳汇固碳量、不同种植方式的植物固碳量以及不同植物固碳量，见表 6-31~表 6-33。

深圳特区城市植被单位面积年固定量　　　　　　　表 6-31

序号	城市植被类型	单位面积年固定量（$kgCO_2/m^2$）
1	休闲绿地	2.9628
2	道路绿地	3.4127
3	居住区绿地	1.1606
4	单位附属绿地	0.6125

注：根据《城市绿地分类标准》CJJ/T 85—2017 城市绿地标准分类，休闲绿地包括各种公园绿地。道路绿地指道路广场用地内的绿地，包括行道树绿带、分车绿带、交通岛绿地、交通广场和停车场绿地等。居住区绿地，包括组团绿地、宅旁绿地、配套绿地、小区道路绿地等。单位附属绿地，指城市建设用地中绿地之外各种用地中的附属绿化用地。

相同种植方式单位种植面积一年 CO_2 固碳量　　　　　　　表 6-32

序号	种植方式	固定量（$kgCO_2/m^2$）
1	大小乔木、灌木、花草密植混种区（乔木平均种植间距）<3.0m，土壤深度 >1.0m	27.5
2	大小乔木密植混种区（平均种植间距）<3.0m，土壤深度 >0.9m	22.5
3	落叶大乔木（土壤深度 >1.0m）	20.2
4	落叶小乔木、针叶木或疏叶性乔木（土壤深度 >1.0m）	14.3
5	小棕榈类（土壤深度 >1.0m）	10.25
6	密植灌木丛（高约 1.3m，土壤深度 >0.5m）	10.95
7	密植灌木丛（高约 0.9m，土壤深度 >0.5m）	8.15
8	密植灌木丛（高约 0.45m，土壤深度 >0.5m）	5.13
9	多年生蔓藤（以立体攀附面积计算，土壤深度 >0.5m）	2.58
10	高草花花圃或高茎野草地（高约 1.0m，土壤深度 >0.3m）	1.15
11	一年生蔓藤、低草花花圃或低茎野草地（高约 0.25m，土壤深度 >0.3m）	0.34

植物固碳量　　　　　　　表 6-33

序号	植物种名	单位面积年吸收 CO_2 量（$kgCO_2$）
1	马占相思 Acacia mangium	0.656
2	大叶相思 Acacia auriculaeform is	0.811
3	台湾相思 Acacia confusa	0.754
4	降真香 Acronychia pedunculata	0.811

续表

序号	植物种名	单位面积年吸收 CO_2 量（$kgCO_2$）
5	水团花 Adina rubella	0.811
6	银柴 Aporosa dioica	0.811
7	假槟榔 Archontophoenix alexandrae	0.314
8	波罗蜜 Artocarpus heterophyllus	0.811
9	地毯草 Axonopus affonis	0.811
10	羊蹄甲 Bauhinia blakeana	1.047
11	秋枫 Bischofia javanica	0.630
12	木棉 Bombax malabaricum	1.122
13	簕杜鹃 Bougainvillea spectabili	0.811
14	红千层 Callistemon rigidus	0.688
15	油茶 Camellia oleifera Abel	0.811
16	美人蕉 Canna generalis	1.129
17	福建茶 Carmona microphylla	0.678
18	短穗鱼尾葵 Caryota mitis	0.811
19	黧蒴 Castanopsis fissa	0.811
20	散尾葵 Chrysalidocarpus lutescens	0.530
21	麻楝 Chukrasia tabularis	0.387
22	阴香 Cinnamomum burmannii	0.540
23	樟树 Cinnamomum camphor	0.978
24	柑橘 Citrus reticulata Banco	0.390
25	椰子 Cocos nucifera	0.354
26	黄牛木 Cratoxylum cochinchinenses	0.811
27	杉木 Cunninghamia laceolata	0.811
28	凤凰木 Delonix regia	1.144
29	人面子 Dracontomelon duperreanum	0.595
30	假连翘 Duranta repens	0.423
31	桉树 Eucalyptus citriodora	1.730
32	三叉苦 Evodia lepta	0.811
33	红背桂 Excoecaria cochinchinensis	0.811
34	高山榕 Ficus altissma	0.811
35	垂叶榕 Ficus benjamina	0.811
36	榕树 Ficusmicrocarpa	1.080

续表

序号	植物种名	单位面积年吸收 CO_2 量（$kgCO_2$）
37	金叶榕 Ficusmicrocarpa f· cv· Golden Leaves	0.908
38	大叶榕 Ficus virens var· sublanceolata	0.436
39	扶桑 Hibiscus rosa-sinensis	1.077
40	蜘蛛兰 Hymenocallis littoralis	0.959
41	龙船花 Ixora chinensis	0.959
42	非洲桃花心木 Khaya senegalensis	0.811
43	大花紫薇 Lagerstroemia speciosa	0.452
44	马缨丹 Lantana camara cv. Flava	1.144
45	荔枝 Litchi chinensis	0.572
46	豺皮樟 Litsea rotundifolia	0.811
47	蒲葵 Livistona chinensis	0.660
48	梅叶冬青 Ilex asprella	0.811
49	芒果 Mangifera indica	0.703
50	白兰 Michelia alba	1.090
51	夹竹桃 Neroum oleander	0.812
52	海枣 Phoenixdactylifer	0.851
53	九节 Psychotria rubra	0.811
54	大王椰 Ravenea rivularis	0.575
55	桃金娘 RhodOmyrtus tomentosa	0.811
56	山乌桕 Sapium discolor	0.811
57	鸭脚木 Schefflera octophylla	0.811
58	木荷 Schima superba	0.857
59	金山葵 Syagrus romanzoffiana	0.699
60	白蝴蝶 Syngonium podophyllum cvAlbovirenvs	0.343
61	海南蒲桃 Syzygium cumini	1.070
62	蟛蜞菊 Wedelia trilobata	0.486
63	台湾草 Zoysia tenuifolia	2.221

厦门市地方标准《建筑碳排放核算标准》DB 3502/Z 5053—2019 附录 F 中给出不同栽植方式绿化固碳量。其中部分植物的绿化固碳量与广东省《建筑碳排放计算导则（试行）》（以下称《导则》）中一致，如表 6-34 所示。

栽植方式绿化固碳量 表 6-34

序号	种植方式	固定量 [kgCO$_2$/（m^2·a）]	备注
1	大小乔木、灌木、花草密植混种区（乔木平均种植间距）<3.0m，土壤深度 >1.0m	27.5	同《导则》
2	大小乔木密植混种区（平均种植间距）<3.0m，土壤深度 >0.9m	22.5	同《导则》
3	落叶大乔木（土壤深度 >1.0m）	20.2	同《导则》
4	落叶小乔木、针叶木或疏叶性乔木（土壤深度 >1.0m）	13.43	
5	大棕榈类（土壤深度 >1.0m）	10.25	
6	密植灌木丛（高约 1.3m，土壤深度 >0.5m）	10.95	同《导则》
7	密植灌木丛（高约 0.9m，土壤深度 >0.5m）	8.15	同《导则》
8	密植灌木丛（高约 0.45m，土壤深度 >0.5m）	5.13	同《导则》
9	多年生蔓藤（以立体攀附面积计算，土壤深度 >0.5m）	2.58	同《导则》
10	高草花花圃或高茎野草地（高约 1.0m，土壤深度 >0.3m）	1.15	同《导则》
11	一年生蔓藤、低草花花圃或低茎野草地（高约 0.25m，土壤深度 >0.3m）	0.35	
12	人工修剪草坪	0.00	

另外，其他资料中也给出了部分绿化固碳量，在考虑绿化的减碳量时也可作为参考，如表 6-35 ~表 6-37 所示。

罗智星提出部分绿化固碳量 表 6-35

序号	绿化名称	固定量	单位
1	大小乔木、灌木、花草密植混种区（乔木平均种植间距 <3.0m，土壤深度 >1.0m）	1100	kgCO$_2$/m^2
2	大小乔木密植混种区（平均种植间距 <3.0m，土壤深度 >0.9m）	900	kgCO$_2$/m^2
3	落叶大乔木（土壤深度 >1.0m）	808	kgCO$_2$/m^2
4	落叶小乔木、针叶木或疏叶性乔木（土壤深度 >1.0m）	537	kgCO$_2$/m^2
5	大棕榈类（土壤深度 >1.0m）	410	kgCO$_2$/m^2
6	密植灌木丛（高约 1.3m，土壤深度 >0.5m）	438	kgCO$_2$/m^2
7	密植灌木丛（高约 0.9m，土壤深度 >0.5m）	326	kgCO$_2$/m^2
8	密植灌木丛（高约 0.45m，土壤深度 >0.5m）	205	kgCO$_2$/m^2
9	多年生蔓藤（以立体攀附面积计算，土壤深度 >0.5m）	103	kgCO$_2$/m^2
10	高草花花圃或高茎野草地（高约 1.0m，土壤深度 >0.3m）	46	kgCO$_2$/m^2
11	一年生蔓藤、低草花花圃或低茎野草地（高约 0.25m，土壤深度 >0.3m）	14	kgCO$_2$/m^2
12	人工修剪草坪	0	kgCO$_2$/m^2

王瑶提出部分绿化固碳量　表 6-36

序号	绿化名称	固定量	单位
1	东北落叶松	374.71	kgCO$_2$/m^3
2	东北冷杉	32.25	kgCO$_2$/m^3
3	北美花旗松	295.75	kgCO$_2$/m^3
4	北美冷杉	90.63	kgCO$_2$/m^3

林宪德提出部分绿化固碳量　表 6-37

序号	绿化名称	固定量	单位
1	大小乔木、灌木、花草密植混种区（乔木平均种植间距 <3.0m）	1200	kgCO$_2$/（m^2·40a）
2	阔叶大乔木	900	kgCO$_2$/（m^2·40a）
3	阔叶小乔木、针叶乔木、疏叶乔木	600	kgCO$_2$/（m^2·40a）
4	棕榈类	400	kgCO$_2$/（m^2·40a）
5	密植灌木	300	kgCO$_2$/（m^2·40a）
6	多年生蔓藤	100	kgCO$_2$/（m^2·40a）
7	草花花圃、自然野草、草坪、水生植物	20	kgCO$_2$/（m^2·40a）

6.9　能源换算系数

　　建筑运行阶段碳排放量应根据各系统不同类型能源消耗量和不同类型能源的碳排放因子确定，不同类型能源是指建筑消耗终端能源类型，包括电力、燃气、燃油、燃煤、市政热力等形式的终端能源，根据不同能源的碳排放因子计算建筑用能系统的碳排放量，避免出现以"电"折"碳"的情况。《综合能耗计算通则》GB/T 2589—2020 附录 A 给出各种能源折标准煤系数以及电力和热力折标准煤系数（表 6-38、表 6-39）。折标准煤系数也称折标系数，是指能源单位实物量或者生产单位耗能工质所消耗能源的实物量，折算为标准煤的数量。按照《热学的量和单位》GB/T 3102.4—1993 国际蒸汽表卡换算，低位发热量等于 29307.6 kJ（7000 kcal）的燃料，称为 1 千克标准煤（1 kgce）。按照能源实物量不同，折标系数的单位可包括千克标准煤每千克（kgce/kg）、千克标准煤每立方米（kgce/m^3）、千克标准煤每千瓦时 [kgce/（kWh）]、千克标准煤每兆焦（kgce/MJ）等。

各种能源折标准煤系数（参考值）　表 6-38

序号	能源名称	平均低位发热量	折标准煤系数
1	原煤	20937kJ/kg（5000kcal/kg）	0.7143kgce/kg
2	洗精煤	26377kJ/kg（6300kcal/kg）	0.9000kgce/kg
3	洗中煤	8374kJ/kg（2000kcal/kg）	0.2857kgce/kg

续表

序号	能源名称	平均低位发热量	折标准煤系数
4	煤泥	8374 ~ 12560kJ/kg （2000 ~ 3000kcal/kg）	0.2857 ~ 0.4286kgce/kg
5	煤矸石（用作能源）	8374kJ/kg（2000kcal/kg）	0.2857kgce/kg
6	焦炭（千全焦）	28470kJ/kg（6800kcal/kg）	0.9714kgce/kg
7	煤焦油	33494kJ/kg（8000kcal/kg）	1.1429kgce/kg
8	原油	41868kJ/kg（10000kcal/kg）	1.4286kgce/kg
9	燃料油	41868kJ/kg（10000kcal/kg）	1.4286kgce/kg
10	汽油	43124kJ/kg（10300kcal/kg）	1.4714kgce/kg
11	煤油	42705kJ/kg（10300kcal/kg）	1.4714kgce/kg
12	柴油	42705kJ/kg（10200kcal/kg）	1.4571kgce/kg
13	天然气	32238 ~ 38979kJ/m³ （7700 ~ 9310kcal/m³）	1.1000 ~ 1.3300kgce/m³
14	液化天然气	51498kJ/kg（12300kcal/kg）	1.7572kgce/kg
15	液化石油燃气	50242kJ/kg（12000kcal/kg）	1.7143kgce/kg
16	炼厂干气	46055kJ/kg（11000kcal/kg）	1.5714kgce/kg
17	焦炉煤气	16747 ~ 18003kJ/m³ （4000 ~ 4300kcal/m³）	0.5714 ~ 0.6143kgce/m³
18	高炉煤气	3768kJ/m³（900kcal/m³）	0.1286kgce/m³
19	发生炉煤气	5234kJ/m³（1250kcal/m³）	0.1786kgce/m³
20	重油催化裂解煤气	19259kJ/m³（4600kcal/m³）	0.6571kgce/m³
21	重油热裂解煤气	35588kJ/m³（8500kcal/m³）	1.2143kgce/m³
22	焦炭制气	16329kJ/m³（3900kcal/m³）	0.5571kgce/m³
23	压力气化煤气	15072kJ/m³（3900kcal/m³）	0.5571kgce/m³
24	水煤气	10467kJ/m³（2500kcal/m³）	0.3571kgce/m³
25	粗苯	41868kJ/kg（10000kcal/kg）	1.4286kgce/kg
26	甲醇（用作燃料）	19913kJ/kg（4756kcal/kg）	0.6794kgce/kg
27	乙醇（用作燃料）	19913kJ/kg（4756kcal/kg）	0.6794kgce/kg
28	氢气（用作燃料，密度为 0.082kg/m3）	9756kJ/m³（2330kcal/m³）	0.3329kgce/m³
29	沼气	20934 ~ 24283kJ/m³ （5000 ~ 5800kcal/m³）	0.7143 ~ 0.8286kgce/m³

电力和热力折标准煤系数（参考值）　　　　表 6-39

序号	能源名称	折标准煤系数
1	电力（当量值）	0.1229kgce/kWh
2	电力（等价值）	按上年电厂发电标准煤耗计算
3	热力（当量值）	0.03412kgce/MJ
4	热力（等价值）	按供热煤耗计算

6.10 "绿材在线"智慧云平台

由于政策、技术、项目需求、造价、项目地点、建筑节能、建筑碳排放等各类指标要求不同，存在设计师选型时找不到合适材料，以及设计师无处询问建材产品构造做法、造价、技术风险等情况，设计师的需求是即时的、片段式的、不定时产生的、动态的。设计师希望便捷、精准地找到对口的材料或设备，完成选型，必要时可以自主对接厂商，高效沟通。对于厂商，希望获得准确的工程信息，找到有项目的设计师，让设计师了解自己的产品，最好实现产品上图，通过设计师联络建设方，增加成单可能，让设计师和建设方、承包商等快速、精准地了解建材产品的优势特色。目前通过"建筑+互联网"结合的方式，引申出云推送新的业务场景与模式，通过大量本地化工程及产品数据的积累，算法优化，可为设计师提供准确的产品、技术服务，从而实现设计选型与厂商部品推荐在工程上的结合，帮助厂商对接在建工程、对接设计师，完成云推送的过程。

实现"绿材在线"并通过云推送的流程主要通过以下方式：（1）厂商将产品信息录入"绿材在线"；（2）设计师通过 PKPM 软件的"材料编辑"功能进行产品选型；（3）"材料编辑"通过云计算和大数据匹配和衔接"绿材在线"厂商产品；（4）设计师在软件中完成产品选型，厂商产品被上图应用。所有入库的厂商产品，必须遵循国家工程标准和规范以及满足地区技术应用方案，经过严格审核后方可入库。从设计方角度，软件能够结合在建工程项目所在地、建筑类型、项目类型（超低能耗等），在符合国家、地方标准要求的基础上，进行精准匹配推荐，为设计师提供不同保温形式、防火等级、施工做法等筛选功能，设计师可查看材料详细信息和多种推荐方案。对于厂商，厂商的产品每天被推送至在建项目设计师处，厂商通过相应端口可查看脱敏项目清单；设计师点击了解厂商的产品信息，厂商后台可看到点击数据，可每天查看动态数据；设计师点击送样上门发送需求，厂商可及时送样品或上门介绍节点做法；设计师与厂商也可在在线平台沟通交流；厂商可查看年度报告标准版。

随着"30·60""双碳"目标的提出，以及绿色低碳行业的发展，越来越多的产品进行碳足迹的认证，从原材料获取、运输，到产品制备和运输整个过程产品的碳排放进行核算。目前一些入库的建材产品做了碳足迹认证，将该产品的碳排放因子同步上传至"绿材在线"，可直接选择进行建筑碳排放的核算（图 6-1）。今后，会有更多经过碳足迹认证的产品入库至"绿材在线"平台，帮助设计师更方便、更快捷、更专业地进行建筑设计，共同助力绿色低碳行业的发展。

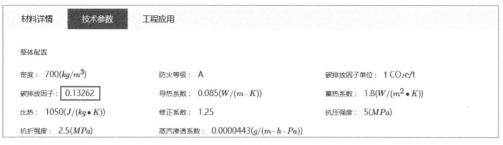

图 6-1　"绿材在线"产品技术参数

参考文献

[1]　李岳岩，陈静 . 建筑全生命周期的碳足迹 [M]. 北京：中国建筑工业出版社，2020.

[2]　曹杰 . 住宅建筑全生命周期的碳足迹研究 [D]. 重庆：重庆大学，2017.

[3]　蔡九菊，王建军 . 钢铁企业物质流、能量流及其对 CO_2 排放的影响 [J]. 环境科学研究，2008，21（1）：196-200.

[4]　杨倩苗 . 建筑产品的全生命周期环境影响定量评价 [D]. 天津：天津大学，2009.

[5]　龚志起 . 建筑材料生命周期中物化环境状况的定量评价研究 [D]. 北京：清华大学，2003.

[6]　陈莎，崔东阁，张慧娟 . 建筑碳排放计算方法及案例研究 [J]. 北京工业大学环境与能源工程学院，2016，42（4）：594-600.

[7]　王瑶 . 寒冷地区城市住宅全生命周期低碳设计研究 [D]. 西安：西安建筑科技大学，2020.

[8]　罗智星 . 建筑生命周期二氧化碳排放计算方法与减排策略研究 [D]. 西安，西安建筑科技大学，2016.

[9]　张孝存 . 绿色建筑结构体系碳排放计量方法与对比研究 [D]. 哈尔滨：哈尔滨工业大学，2014.

[10]　汪静 . 中国城市住区生命周期 CO_2 排放量计算与分析 [D]. 北京：清华大学，2009.

[11]　任志勇 . 基于 LCA 的建筑能源系统碳排放核算研究 .[D]. 大连：大连理工大学，2014.

[12]　王卓然 . 寒冷住宅外墙保温体系生命周期 CO_2 排放性能研究与优化 [D]. 哈尔滨：哈尔滨工业大学，2020.

[13]　高源雪 . 建筑产品物化阶段碳足迹评价方法与实证研究 [D]. 北京：清华大学，2012.

[14]　曹西 . 基于碳排放模型的装配式混凝土与现浇建筑碳排放比较分析与研究 [J]. 建筑结构，2021，51（2）：1233-1237.

[15]　崔鹏 . 建筑物生命周期碳排放因子库构建及应用研究 [D]. 南京：东南大学，2015.

[16]　Mikko Nymana，Si monsonb C J.Life cycle assessment of residential ventilation units in a cold climate[J].Building and Environment，2005，40（1）：15-27.

[17] 李兆坚. 可再生材料生命周期能耗算法研究 [J]. 应用基础与工程科学学报，2006，14：50-58.

[18] 刘胜男. 装配式混凝土建筑物化阶段碳足迹评价研究 [D]. 大连：大连理工大学，2021.